# 数据对话

## 建立你的数据流利度

# HOW TO TALK
# ABOUT DATA

## BUILD YOUR
## DATA FLUENCY

[瑞士] 马丁·埃普勒 (Martin J. Eppler)　著
法比耶纳·宾兹利 (Fabienne Bünzli)

程絮森　译

# 译者序

　　21世纪是大数据的时代，习近平总书记强调，要构建以数据为关键要素的数字经济，建设现代化经济体系离不开大数据发展和应用。许多热门高新技术如人工智能、机器学习等都是以大数据为基础的，由此可见大数据对于现代数字经济的重要驱动作用，这也对培养数据产业相关技术人才以及向大众科普数据的基本概念提出了新的要求。因此，有必要提供一本面向普通人群的通俗、全面、系统、生动的科普读物。为了顺应数字经济发展的浪潮，便于国内不同知识基础的人理解、学习、运用有关大数据的分析和展示方法，构建数据思维和创新意识，经慎重选择和充分研讨，我们对马丁·埃普勒和法比耶纳·宾兹利两位学者的著作《数据对话：建立你的数据流利度》进行了翻译。

　　在数字时代背景下，数据量的急剧增加和数据分析方法的不断发展使得理解数据成为一项重要的技能。无论是在科学研究、政府决策、商业领域，还是在日常生活中，数据都扮演着至关重要的角色。因此，如何正确地理解、解释和交流数据就变得愈发重要。对于大众来说，也需要一本与时俱进、通俗易懂的大数据科普读物。本书旨在帮助读者掌握一系列有效的数据分析交流技巧，使他们能够清晰、准确地表达数据的含义并挖掘潜在的价值。本书通过认识数据以及数据交流两大模块，分章节地引导读者逐步学习数据概念、数据处理、数据建模以及数据展示等知识和技能，在每个章节中都有相应的总结以及大量图表和数据，并在章节中以数据对话的形式将读者带入实际情境中，帮助读者更加形象地理解本书的内容，极大地提高了本书的易读性。此外，本书还将重点关注如何有效地将数据结果传达给其他技术专业或非专业人员，以便更好地与他人分享和探讨数据。

　　本书以帮助普通人群理解、探讨数据为主旨，从数据概念到数据展示等各个流程展现了数据分析技巧的重要性和应用。通过数据对话、图表等方式，读者可以了解如何有效地分析和处理数据，如何运用不同的分析方法和模型来揭示数据中的模式和趋势，并将分析结果进行可视化呈现，以便更好地理解和传达数据的隐藏价值。通过阅读本书，读者将能够逐步掌握数据分析的基本原理和技巧，培养对数据的敏锐观察力和批判性思维，从而在日常生活和职业发展中更好地运用数据分析的方法和工具，做出准确的决策和创新的贡献。

　　在本书翻译过程中，王天姿、张爽、闫怡君、张露璐、胡雄杰、郭志刚、王品澍、殷子涵、唐棠、桑立洋、欧彬欣、孟春月、王韵雅、周益冰、章子璇、陈文浩参加了部分翻译和校对工作。此外，我们也得到了来自高校学者、业界专家和中国人民大学出版社的大力支持，在此对他们表示诚挚的谢意。尽管我们在翻译过程中对于文字的表述加以注意，但书中难免会有措辞不当和不妥之处，我们希望读者予以批评指正，提供宝贵的意见和建议。

# 前　言

　　本书的目的是让你能够建立一种称为数据流利度的技能，并帮助你在组织中与不同群体进行高质量的数据对话。我们相信，通过高度可视化的方法，以及生动真实的对话、简单多样的示例，可以帮助你加快学习进度，使你的数据流利度之旅更加顺畅和有趣。首先，问自己这样一个问题：

　　**理解数据最强大的工具是什么？**

　　如果你认为是一个巨大的关系数据库、一种强大的机器学习算法、一个聪明的 Python 库或一个复杂的 R 脚本，请再思考一下。

　　是的，你当然需要庞大的数据库来驾驭大数据的力量。同时，能够根据数据进行自主学习的算法是从持续的数据流中获得相关模式的关键因素。我们也同意 Python 和 R 是两种最广泛使用的编程方法，来"折磨数据直到它对你有所回应"。但是你将在本书中发现一种理解数据的更强大的工具。

　　**理解数据最有力的工具是良好的对话。**

　　正是通过对话，业务需求被转化为分析工作和数据查询工作。

　　正是通过对话，查询结果和数据报告才得以共享、审查、纳入更广泛的背景，并最终得到应用。

如果没有高质量的对话，就不可能有高质量的数据分析。为了让数据变得真正有价值，它必须成为我们日常讨论的一部分。

然而在现实中，这样的对话往往会破裂或脱轨。数据分析师和管理人员不会说同一种语言，他们拥有完全不同的观点，或者对彼此的方法和约束条件缺乏了解。某些时候这会使得双方很难就数据达成共识。

你可以在本书中找到应对这一挑战的两个关键点。

首先，由于统计是数据的语言，因此我们需要通过对基本统计（及其术语）的扎实掌握来理解数据的基础知识。在这项工作中，我们需要让事情尽可能地简单（但不是更简单，如爱因斯坦所说），并意识到我们的数据中潜在的偏见。

**这将使我们有能力并且批判性地谈论数据。**

其次，我们需要设计良好的数据对话，使分析在组织中发挥作用。我们需要知道如何提出与数据相关的好问题，如何（互动地）呈现和可视化数据，以及如何讲述好数据的故事。

**这将使我们能够清晰地讨论数据。**

对我们自己来说，撰写这本数据分析交流指南确实是一段有趣的旅程。为了写好这本书，我们与不同的工作伙伴进行了许多建设性的对话，在此向他们表示感谢。

# 致　谢

这本书不仅是两位作者多次对话的结果，而且还有几位指导者的大力支持。

我们要感谢培生教育的 Eloise Cook 对本书手稿的建设性对话，以及她提出的许多有见地的建议。她真的是所有读者的拥护者。

我们还要感谢圣加仑大学 TechX 实验室的 Christian Hildebrand 教授，他对最先进的分析提出了指导性的反馈和建议。特别感谢来自 btov Partners 的 Andreas Göldi 和 Medbase 的 Markus Aeschimann 对本书前几章所提供的反馈。

最后，衷心感谢众多来自不同组织的、有才华的分析专业人士和管理人员，我们有幸与他们一起测试了这本数据流利度指南中记录的关键思想。我们要感谢瑞士再保险的分析界人士——尤其是 Patricia Stone、Patrick Veenhoff、Stefan Sieger 和 Bianca Scheffler，也要感谢那些在欧洲央行、Heinemann、Interactive Things、Frontwerks 和红十字国际委员会从事分析工作的人员。

# 目 录

CONTENTS

## 第二部分　数据交流

### 第7章　提出关于数据的正确问题　123

### 第8章　如何对数据进行可视化设计：图表指南　132

# 你的数据流利度指南

人类所能达到的终极活动是为理解而学习，因为理解就是自由。

——巴鲁赫·斯宾诺莎（Baruch Spinoza）

17 世纪哲学家

理解来自交流。

——拉尔夫·C. 斯梅德利（Ralph C. Smedley）

国际演讲会创始人

## 你将学到什么？

在这篇简短的引言中，我们首先阐明了本书的必要性。接着，我们定义了数据流利度的概念及其关键要素，并概述了本书的主要目标、所运用的方法和整体结构。你还将了解到如何根据重复出现的文本元素组织每个章节的相关内容。

如果你正在阅读这本书，那么你已经意识到理解数据以及分析数据对每个人来说是多么重要。你已经意识到数据在当今世界日益增长的重要性，你也知道数据是商业、社会的成功和进步，甚至自己身体健康（想想医疗数据或健康跟踪设备）的关键推动者。你可能还会意识到错误使用数据或思维狭隘所带来的风险。

　　本书使你能够与他人（无论是数据专家还是具有适度数据素养的人）熟练地谈论数据、理解数据并将其应用于手头决策。

　　读完本书，你将获得一种叫作数据流利度的技能。数据流利度是指通过掌握分析学的关键概念（包括其背后的统计术语和程序），并知道如何在组织环境中应用它们，与他人流利、清晰、批判性地讨论数据的能力。

　　本书的第一个前提是，数据流利度已经成为每个人的基本业务技能，而且这种技能是可以学习的。第二个相关的前提是，深刻的理解来自良好的沟通。良好的沟通可以帮助我们从数据中获得最大的价值，更好地评估数据的质量，最终使我们做出更好、更明智的决定。与数据进行沟通是任何人都可以使用的技能，这与你是商业领袖、非营利组织经理、项目协调员还是职能专家无关。

　　更具体地说，数据流利度包括提出与数据有关的正确问题、讲述数据的迷人故事、实现数据可视化或建设性地处理数据分歧等技能。这些都是与生活中许多领域相关的技能，例如从创业到成立非政府组织，从制定战略到制定筹资计划，从了解客户到管理风险。图 0-1 总结了这些元素，并给出了一些我们将在书中讨论的例子（顺便说一下，你会在每一章看到这种格式）。

　　数据流利度使你能够理解数据的语言，同时也能将其转化为日常语言。

　　在本书中，我们实现数据流利度的旅程将是怎样的呢？让我们先简单带你了解一下不同的章节，以及你将在每个章节中会学到什么。我们把这本简明指南分为两部分。第一部分为你提供了一个可靠的统计学基础，你需要掌握这些统计学知识来理解数据分析。它不仅包含了许多常见的数据分析误区的例子以及如何避免这些误区的建议，而且提供了如何让组织中的任何人都能理解统计程序或术语的建议。本书第二部分在此基础上进行了扩展，重点介绍了如何与他人讨论数据并进行分析。

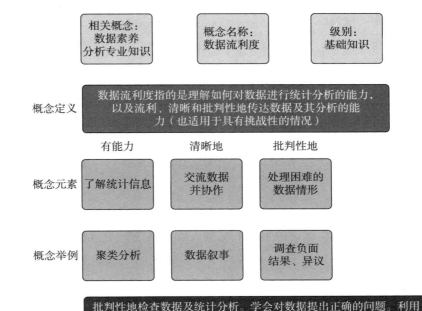

图 0 - 1　数据流利度概念及其组成部分

# 章节概述

## 第一部分：认识数据

### 第 1 章：如何提高你的数据流利度

为了开始我们对统计学的奇妙世界的深入研究，我们对许多人为什么对数据及其统计分析望而却步的现象进行了简单的现实调查。我们展示了导致人们在本不应该害怕数据的情况下却害怕数据的七个因素，本书将会帮助人们有效解决这种焦虑。

第2章：理解统计数据

本章为你提供了分析和理解数据的要点。其中包含了你需要知道的基本概念，以便自信而准确地谈论数据。你还将学习到如何获得数据的概览和对数据趋势的把握。

第3章：用数据模拟世界

本章旨在帮助你掌握从数据中识别规律并理解其含义的能力。我们阐明了如何运用数据进行预测，以及如何从数据中推断出一般情况。

第4章：理解复杂的关系

处理复杂性不仅是成功应对现代商业挑战的关键，也是从数据中得出正确结论的关键。本章讨论了以下复杂关系：其中一个事物影响着另外两个事物之间的关系（调节），或者两个事物之间的关系被另一个事物来解释（中介）。

第5章：细分世界

分析甚至机器学习的重要应用之一就是给元素分段或分组，如客户、产品或求职者。得到这样分组的一种重要方法叫作聚类分析。本章将逐步向你展示如何利用数据相似性来进行分组，以及这种相似性在数据情境下的真正含义。

第6章：检测数据失真

即使你已经遵循了第1~5章中的所有准则，你也可能以错误（甚至是不道德）的方式使用分析方法。你在数据收集、分析和沟通过程中的偏差可能是造成这种情况的原因。因此，本章将帮助你使你的分析工作免受数据失真的影响，并帮助你在进行数据解释和交流中消除偏差。

## 第二部分：数据交流

第7章：提出关于数据的正确问题

讨论是更好地使用数据的有利因素。而好的讨论的基础是好的问题。本章为你提供了一份分析问答板块的小型指南，并向你展示了每当数据呈现在你面前时你需要问的问题的主要类型。

第 8 章：如何对数据进行可视化设计

有太多的数据根本无法全部读取。因此，将数据以简明、合适的形式进行可视化是任何一个从事数据工作的人的基本技能。本章为你提供了六种简单、有效的画出高质量图表的指导方法。本章中的 DESIGN 缩写总结了可视化数据的最重要原则。本章还补充了一些例子，并指出了关于制作优秀图表的更多资源。

第 9 章：数据叙事画布

这个有趣的章节向你展示了好的数据叙事的五个奇妙的组成部分。它们将帮助你使数据变得更有吸引力、更清晰、更有说服力。基于本章的学习，你将知道如何将数据与你的听众联系起来，如何安排数据演示的顺序，以及你在做这些工作时应该扮演什么角色。

第 10 章：在他人面前使用分析软件工作

在交流分析时，使用分析软件替代静态的演示幻灯片越来越成为主流，这样就可以一起探讨数据，并且你可以对自发性的问题做出思考回应。无论何时，当你在软件的帮助下展示数据时，有一些注意事项是你需要牢记的。本章将讨论这些问题。

第 11 章：用数据传递坏消息

本章提出了一种情形，即意味着"坏消息"的数据可以成为推动改善和进步的强大催化剂。我们提供了实用的沟通策略来传达基于数据的坏消息，这样你就可以避免混乱，克服阻力，将沮丧转化为动力。

第 12 章：处理数据分歧

本章涉及另一种困难的数据情形，当对数据或其分析、解释、使用有截然不同的看法时，如何才能有效利用这种数据争议？你可以在本章中找出答案，并学习如何进行好的分析争辩，从而帮助你基于数据做出更好的决策。

第 13 章：下一步是什么？保持数据流利度

本书的最后一章不仅揭示了你为了保持数据流利度需要监测的重要趋

势，而且提出了你能继续磨炼分析技能的有效方法。

# 每一章是如何组织的

我们已经对接下来的内容进行了预览，现在让我们花一分钟时间来看看本书的特点。我们试图使这些话题尽可能地易于被人们理解，并富有趣味性。这就是为什么全书中频繁地出现例子、专栏和图表。下面是每一章一些反复出现的内容，这将帮助你从这些内容中有最大的收获。

**你将学到什么？** 每一章的开头都有对其主要内容和引导读者的简要概述。通过这种方式，你可以更好地决定自己是否要阅读以及何时阅读每一章。你也会在难度方面有一定的预期。

**重要概念** 通常在每章的第一部分，我们以图示的形式帮助你对本章中讨论的重要概念有一个直观的概览。它是一种高级的组织形式和复述的工具，可以结合你需要记住的章节内容进行阅读。在引言中介绍数据流利度的概念时，你已经看到了第一个例子（见图 0-1）。主要的概念被放在中间的方框里，而相关或类似的概念可以在左边找到。右边最上面的方框一般表示这个概念的难度，可以看出它是非常基础的知识，还是代表一个高级的话题。再往下一层，你就能找到这个概念的简明定义，然后是它的各个组成部分和例子。每个概念最下面的部分中都包含了操作意义。

**数据对话** 每章都包含一个数据对话，由两部分组成，最初总是会犯错，以阐明本章要讨论的挑战。在每章的末尾，你会发现同一对话的延续。在这个对话的结尾部分，你将用从本章中学习到的经验教训来解决这些挑战。

**怎么说** 这些简短的章节给你提供了实用的沟通建议，让你知道如何让数据与他人更加关联。它还包括在与他人围绕数据进行合作时应该避免的事项。

每章的结尾都有主要收获和注意事项，这是你在与数据打交道时需要牢记在心的内容。

　　所以，现在你有了这份数据流利度指南。每段旅程都是从第一步开始的。你已经迈出了这一步，并准备继续前进。在我们深入研究统计学的重要概念之前，我们想引入一个简短的章节，那就是为什么人们不喜欢统计学，有时甚至害怕数据。了解这个问题不仅能帮助你更好地处理数据，而且能帮你更好地与不喜欢处理数据的人相处。让我们先了解一下分析过程的焦虑，然后以清晰易懂的方式通过解释统计数据来解决这个问题。

# 第一部分　认识数据

ONE

# 如何提高你的数据流利度：克服分析焦虑

## 你将学到什么？

在这个简短的章节中，我们将介绍分析焦虑的概念，它是在组织中以建设性的方式谈论数据的一个主要障碍。你将了解到分析焦虑的主要组成部分以及如何克服它。这为后面的章节做了铺垫。

---

**数据对话**

乔什：要不要请你们的新数据分析师埃里克过来，向我们简要介绍一下我们的风险敞口？

史蒂夫：嗯，这家伙总是胡言乱语，实在是抱歉。为什么我们不把他和我的助理吉尔一起叫来，然后让她向我报告要点呢？

乔什：但是史蒂夫，我认为你可以通过直接和他交流来获得更多的见解。他的聚类分析揭示了我们风险组合的一些细微差别。

史蒂夫：是的，但我不是一个真正的量化分析师，让吉尔和他一起计算数据，然后直接拿给我，好吗？

乔什：如你所愿，史蒂夫，但你要知道，最终你还是需要提高你的水平。就连 CEO 都说，我们的公司正在走向数据文化。

分析的新时代已经到来，每位经理和专业人士现在都希望能够使用最新的分析工具和技术做出基于数据的决策。

无论你是从事销售和营销、沟通、控制、战略、人力资源、风险管理、研发还是在项目管理领域工作，数据都已经成为新的石油，没有人可以忽视它或不充分使用它。

只有一个问题：并非每个人都是火箭科学家。

我们并非都具有高度的数据素养或精通复杂的统计程序。因此，我们可能会有所谓的"分析焦虑"。在本章中，我们将向你介绍这个至关重要且及时的概念，说明为什么它很重要，它是如何产生的，以及当你在组织中处理数据时可以做些什么来减少它（对本章内容的概述见图1-1）。

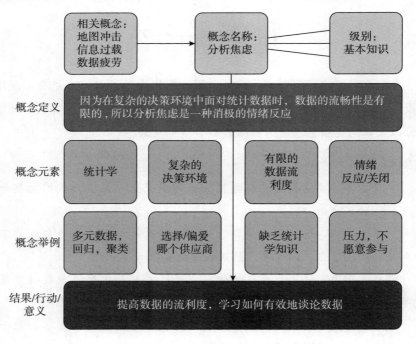

图1-1  分析焦虑及其关键组成部分

## 什么是分析焦虑？

我们将分析焦虑定义为在组织中与定量数据的收集、分析、呈现、解释和使用相关的恐惧、痛苦或不确定感。因此，分析焦虑包括在数据收集、分析过程中，特别是在演示、报告或仪表盘沟通过程中的任何苦恼的感觉。

## 你为什么要在意？

分析焦虑会严重损害决策质量，并对工作满意度产生负面影响。它可能导致倦怠，并可能在管理团队中引起不必要的冲突。

经历过分析焦虑的经理和专业人士不太可能接触复杂的数据，可能会过度依赖之前的经验、偏见、假新闻或轶事证据。

因此，如果你关心决策质量，并做出以证据为基础而不是以名气或雄辩为基础的决策，那么你应该关心分析焦虑。

如果你是一个依靠数据做决策的专业人士，那么你应该关心这个现象。如果你想让别人从你的数据和分析中学习，那么你应该了解分析焦虑和它产生的原因，以及有效的补救措施。这就引出了我们的下一部分内容……

## 是什么导致了分析焦虑，又是什么减少了分析焦虑？

在为经理和分析师举办了几十次关于分析的课程和培训后，我们了解到以下关于这一挑战出现的根本原因和有效的解决方案。

就影响专业人员和管理人员的分析焦虑的潜在因素而言，我们确定了以下七个回避数据或对自己的分析推理和数据深挖采取捷径的动机：

1. 统计恐惧症——由于缺乏对统计的理解而害怕不能正确理解或诠

释数据。

2. 图表冲击——在认知上和动机上被交互式仪表盘和可视化分析中固有的视觉复杂性淹没。

3. 数据质量偏执——对分析所依据的数据质量（即可靠性、及时性、一致性）感到不安。

4. 数据怀疑——认为数据本身不足以作为决策的基础，直觉和经验也应该被考虑在内。

5. 黑箱过敏——不信任与数据分析相关的不透明推理过程，无论是人工辅助的推理，还是基于人工智能的推理。

6. 数据逃脱——不愿意（在别人面前）承认自己没有完全掌握所提出的分析方法。因此，管理者只处理他们了解的那部分数据，而忽略了其他更难的分析任务。

7. 数据疲劳——在给定的时间内处理过多的数据时，认知或情感上处于超负荷的状态。

为了解决这些重要问题，决策者和数据展示者都有工作要做。简而言之，我们建议对分析焦虑采取以下补救措施。

对于决策者：

1. 投资于你的数据流利度。仔细阅读这本书，不仅要特别注意关于分析性问答的章节，也要努力理解关于理解统计数据这一章节中的关键要点。

2. 从更年轻或更精通的同事那里获得反向指导，他们可以带你学习分析应用程序，如 Tableau、RapidMiner、SAS 或 Power BI。

3. 要求你的分析师预先将他们的结果按你所熟悉的类别组织起来。同时，要求他们把分析的重点放在对你的决策至关重要的数据上（以避免图表冲击或数据疲劳）。告诉他们经过验证的数据沟通实践，例如数据可视化设计章节，以及数据叙事的五个神奇要素章节。

4. 当你不理解一个数据集或统计程序时，请承认这件事情。这样，你就为别人树立了一个榜样，从而引导对话从虚假的理解转向更清晰的理解。

对于那些展示数据的人：

1. 提高你的分析沟通技巧，了解分析师和数据科学家最有可能犯的错误和应该避免的错误（比如提供细节而没有概述，或者首先关注方法而不是数据为什么重要以及谁更重要）。

2. 在以图示方式展示分析结果时，要尊重关键的可视化指导原则（例如，不要使用饼图或堆叠条形图，因为它们在感知上效率低下）。请查看本书中的数据可视化设计章节。

3. 将大数据与知识结合起来，将你的数字分析与知识可视化并排显示，以概述定性的见解。

4. 使用数据讲故事的力量可以使你的数据更容易理解、更吸引人。使用我们的数据叙事画布章节来准备和设计你的数据演示。在此过程中，首先要注意与你的听众达成共识（前置例子），然后通过数据阐明情况、复杂性和解决方案。如果可能的话，用一个简洁的行动号召来结束你的数据展示。

---

**数据对话（续）**

史蒂夫：那么，吉尔，你有机会和埃里克谈过我们的风险敞口吗？

吉尔：是的，我同他交流过，他真的具备惊人的洞察力，让我们知道我们在哪些方面面临着风险，更重要的是，如何减少我们的风险敞口。不过，我们必须注意他所做的聚类分析所依据的假设。

史蒂夫：你是什么意思？

吉尔：嗯，他对我们的风险进行分组的方式确实是一种方式，但我认为我们需要一种不那么精细的方法，以保持决策的有效性。

史蒂夫：那么，聚类分析并没有显示出明确的风险分组吗？

吉尔：当然不是，它只是为我们提供了所有记录在案的风险之间的相似性度量，以及对它们进行分组的各种方法。但你知道聚类分析就是这样运作的，对吧？

史蒂夫：嗯，算是吧。

吉尔：这是树状图，你会在哪里划分这些组呢？（给他看一个看起来很复杂的图表）

史蒂夫：嗯，我不知道。

吉尔：我想你可以根据你对风险的战略展望提供一些意见。结合这个数据驱动的图表，这确实是一个理想的组合，可以帮助我们设计出风险细分和相应的措施。

史蒂夫：我想我会先看一下这个聚类分析的事情，然后再给你答复。

吉尔：让我们这样做吧。为什么不让埃里克加入讨论呢？我认为这将有助于把我们所有的见解结合在一起。

史蒂夫：好的，我们来试试。

吉尔：事实上，我们为什么不让他一步一步地指导我们进行聚类分析呢？这样我们就可以把学习方法和我们的风险数据结合起来。

史蒂夫：好的，就这么办。

# 关键要点

如果一个组织想从其收集的数据中获利，以便更好地做出决策和发现机会，那么它必须解决分析焦虑的问题。仅仅希望人们能够围绕数据进行无缝互动是天真的。

双方都需要付出真正的努力，以改善深入的数据专业知识和管理决策能力之间的这个重要接口。学术研究在这种优化努力中可以发挥重要作用。人力资源专业人士应该研究分析焦虑在多大程度上存在，其主要影响因素是什么，以及哪些措施最能减少这种焦虑。然后，他们可以将其发现转化为管理、顾问和分析师培训。总而言之，这些群体可以共同消除分析焦虑。

# 陷　阱

分析焦虑的主要风险有：

- 在对相关数据理解不足的基础上做出决策。
- 回避与数据科学家就重要的商业机会进行深入讨论。
- 当别人诚实地询问有关分析程序的问题时，让对方看起来很愚蠢。
- 在数据分析师和商务人士之间建立一种对抗性的关系，而不是一种合作性的关系。

# 更多资源

要测试自己目前的数据流利度，请使用下列这些网站之一进行简短测试：

https://quizlet. com/435307132/data-fluency-quizzes-flash-cards/；

https://thedataliteracyproject. org/assessment；

https://newslit. org/tips-tools/can-you-make-sense-of-data/。

# 理解统计数据：全面了解你的数据

## 你将学到什么？

在本章中，我们将为你提供基本的概念和词汇，以便你能够理解和熟练地谈论数据。你将学习如何通过查看所谓的"频率分布"来获得数据概览——基本上是回答问题："有多少什么？"这将帮助你快速但扎实地了解数据及其可能揭示的趋势。

---

**数据对话**

"最近对我们最重要的 10 位商业客户进行的一项调查结果让我非常担忧，"吉姆紧张地玩弄着他的铅笔说道，"我们让他们评价我们的客户关系管理服务，但平均得分只有 10 分中的 6.8 分，这比去年的 8.5 分低得多。"

由于吉姆加入客户关系团队才 6 个月，因此对于传递这个坏消息他感到非常不舒服，尤其客户关系管理的负责人也在会议上。

他的团队成员都有些困惑。他们认为他们已经做得很好，但不明白为什么得分没有更高。

---

没有人说话，直到其中一位团队成员丽萨举手问道："是否有任何异常值？"吉姆有点困惑，回答说他没有检查异常值，也不知道为什么要检查。她解释说："这可能有助于我们更好地理解这个结果，也许这表明事情并没有看起来那么糟糕。"经过简短的讨论，团队一致同意吉姆重新审视结果并寻找异常值。

在职业生涯中，直觉和经验是重要的支柱。然而，随着世界变得越来越复杂、不稳定和动荡，仅仅依靠直觉和经验可能会带来风险，导致做出错误的决策。

有时我们的直觉会欺骗我们，甚至最有经验的管理者也必须认识到事情的运作方式与他们想象的不同。而犯错可能会带来高昂的代价。犯错可能意味着销售萎缩、客户流失，甚至在最坏的情况下导致人员伤亡。这就是数据发挥作用的地方。

统计学是让数据说话的关键。统计学可以帮助你解读数据，发现它们所讲述的故事。但是，既然你的组织中有数据分析师，他们的工作就是从数据中得出答案，那么我们为什么还要花时间学习统计学呢？

答案很简单：拥有基本的统计知识可以帮助你充分利用数据分析所得到的见解，得出正确的结论。或许更重要的是，它可以帮助你了解所使用的统计模型是否真正适合你要达到的目的。否则，你可能会得到你从未提出的问题的答案。

因此，让我们开始了解在商业中需要处理的数据类型，以及为什么吉姆在进行概括之前应该仔细查看数据异常值。

## 定量数据

统计学用于分析涉及数字的各种数据。这些数据被称为定量数据。它们是客观和可量化的。定量数据有助于量化现象，并回答诸如"我们最畅销的产品是什么？""人们向我们的慈善机构一共捐赠了多少钱？""在过去

6个月中，我们公司有多少员工离职？"等问题。

定量数据可以通过调查、实验或指标（如网站用户的在线行为或你的会计系统）获得。

如果你的数据不涉及数字，则称为定性数据。它们是主观的，并充满了个人观点。定性数据为我们提供更多细节和背景，并回答诸如"为什么人们购买我们的产品？""为什么我们招募志愿者有困难？"等问题。定性数据可以通过聚焦群体、观察或文本文档等方式收集。

在本书中，当我们谈到数据分析时，我们指的是对定量数据的分析。

在现代工作世界中，以定量数据形式呈现的数字已经成为决策制定的首要因素。有些人甚至会说，商业已经对定量数据产生了一些执着。似乎所有的事情都要被计算、测量并用数字表达（无论是否有意义）。然而，在我们开始处理数字之前，我们需要知道如何获取定量数据。我们如何获得所有的数字？我们可以收集和使用哪些不同类型的数据来做出决策呢？

## 变量

定量数据通过变量来进行测量。你可以将变量想象成厨房器皿，数据则是器皿里面的东西。每个器皿中都有同一种类型的东西。例如，一个碗里面装沙拉，另一个碗里面装苹果。在每个碗里，可能会有一定的变化。沙拉叶子的大小可能不同，苹果的形状也可能不同。换句话说，变量捕捉了同一种类型的东西，这些东西可以改变并具有不同的值。例如，人们可以在年龄、消费喜好、志愿服务倾向、捐赠或购买行为等方面有所不同。同样，组织在规模、资源或社会影响力等方面发生变化。同样，国家在其政治制度或官方语言等方面各不相同。此外，事物随着时间的推移也会发生变化（例如人们的情绪、收入或健康状况；组织的增长；国家的经济稳定性；等等）。

我们可以根据变量的测量方式将其区分为不同的类型。为什么这很重要？因为它决定了你可以对这些变量进行怎样的处理。使用不合适甚至是错误的统计方法可能会导致糟糕的决策。图 2-1 为你提供了不同变量类型的概述，在图 2-2 中你可以找到每种变量类型的实际例子。

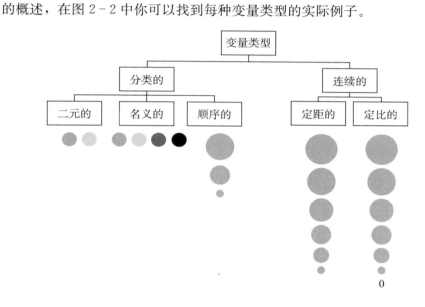

**图 2-1　不同变量类型的概述**

　　变量可以分为分类变量和连续变量（Cramer and Howitt，2004）。如其名称所示，分类变量是由类别组成的变量。这些类别是互斥的，因此一个对象只属于其中一个类别。你可能熟悉的分类变量有组织类型（营利组织、非政府组织、公共组织）或捐赠类型（货币、服务、物品、血液、器官等）。在其最简单的形式中，分类变量由两个类别组成。这样的变量被称为二元变量。二元变量的例子包括是或不是客户；有或没有项目领导权；是否未成年。

　　如果一个变量超过两个类别，例如国籍（美国、英国、法国、西班牙、德国、瑞士等）或工作地点（伦敦、纽约、苏黎世等），那么我们称之为名义变量。二元变量和名义变量的类别是无序的。这意味着我们认为它们是同等的。当类别有序时，我们称之为序数变量。例如，教育水平

（小学、中学、高等教育）或职位（员工、经理、董事、首席运营官等）。当人道主义组织询问受益人的健康状况并能回答"非常糟糕""有点糟糕""一般""良好""非常好"时，你就拥有了一个序数变量。然而，虽然我们可以排列这些答案，但无法确定这些值之间的差异。例如，我们无法说"一般"是"有点糟糕"的两倍好。

　　如果我们想要说明值之间的差异，那么我们需要连续变量。连续变量可以采取区间或比率变量的形式。

　　区间变量是指任意两个值之间的差异有意义。假设一个组织对其员工进行调查；员工被要求用 7 点量表报告他们对工作的满意度，范围从 1（完全不满意）到 7（非常满意）。任意两个值之间的差异是有意义的，因为间隔是相等的（例如，在 1 和 2 或 5 和 6 之间的差异是相等的）。

　　比率变量不仅需要任意两个值之间的距离相等，还需要一个"自然"的零点。例如，完成的战略项目数量是一个比率变量，因为它具有一个有意义的零点：0 表示某人尚未完成战略项目，而 5 表示某人已经完成了 5 个战略项目。

　　区间变量和比率变量可以是离散的或真正连续的（Field，2018）。离散意味着变量只能取特定的值（通常是整数）。例如，完成的战略项目数量就是一个离散变量的例子——你可能已经完成了 1 个、2 个、3 个、6 个或 8 个项目，但不会是 3.4 个或 5.2 个项目。连续意味着变量可以在一定范围内取无限多的值。一个典型的例子是一个人的真实体重或身高（例如，某人的身高可能是 1.722 435 363 6 米）。

　　现在你已经了解到有不同类型的变量，这些变量可以根据它们的测量水平进行区分。为了进一步区分不同类型的变量，图 2-2 提供了一个例子。

分类变量

· 二元的：项目领导（0=项目组员，1=项目领导者）

· 名义的：工作地点（1= 伦敦，2= 纽约，3= 苏黎世）

· 顺序的：职位名称（1= 经理，2= 主管，3= 首席运营官）

连续变量

· 定距的：工作满意度（1 为一点也不满意，7 为非常满意）

· 定比的：已完成的战略项目数（0~X）

**图 2-2　商业场景下的不同变量类型的示例**

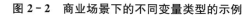

# 怎么说

## 解释变量名

时间非常宝贵，在沟通时我们通常使用缩写词和首字母缩略词以尽可能高效地交流。在谈论变量时，使用缩写词和首字母缩略词（例如，AS-PM 表示每月平均销售额）已经成为常见的做法。但是，在使用缩写词和首字母缩略词时要谨慎。这样的标签可能对于熟悉主题或数据集的人（专家）来说是清晰易懂的，但对于其他人（初学者）来说可能不是。在变量名称中使用缩写词和首字母缩略词通常会引起初学者的困惑，使他们难以跟随分析或得出的结论。

为了避免给听众施加不必要的压力或让他们感到害怕，应尽可能详细地解释变量名称。即简要解释缩写词的含义，并在幻灯片或报告中提供解释。邀请你的数据科学家解释他们正在使用的首字母缩略词，特别是如果你觉得其他听众可能因为害羞而不敢提问时。

---

不同类型的数据可以用于探究变量之间的关系。我们可能想知道人们的收入是否影响他们的慈善捐款金额，或者货币刺激是否会提高员工的绩效。这些关系可以用两种类型的变量来表达：预测变量和结果变量（Field，2018）。

以上面的例子为例，收入将是预测变量，慈善捐赠的金额将是结果变量。同样，货币刺激被认为是预测工作绩效的因素。

有时，预测变量也被称为自变量，结果变量被称为因变量。但是，要小心这些术语。严格来说，只有在所提出的因果关系被操纵（即直接被影响或被修改）时，才应该谈论自变量和因变量。例如，你可能会对脸书发布的帖子的类型是否能预测点赞数感兴趣。你可以发布一张展示你人道主义工作影响力的吸引人的图片，然后将其与仅口头描述人道主义工作影响的帖子进行比较。之后，你可以统计每个帖子的点赞数。因为你积极地操纵了脸书帖子的类型，所以你可以将其称为预测变量或自变量，将点赞数称为结果变量或因变量。然而，如果你不确定预测变量是否被操纵，请使用预测变量或结果变量术语。

---

## 怎么说

### 叫孩子的名字

经理们经常使用过于复杂和技术性的词汇向我们讲述他们的同事或数

据分析师的轶事。比如，一位经理在我们的研讨会上开玩笑地说："他们就像在说另一种语言。"为了在数据报告中保持听众的兴趣和专注（并避免他们的思维漫游到下一个假期旅行、最紧急的待办事项或晚餐计划上），使用清晰、具体（以例子为基础）和简洁的语言非常重要。当你说"一个预测变量对结果产生了显著影响"时，听众可能很难跟上你的分析。相反，要具体说明你的意思。告诉你的听众，食物包裹的数量（预测变量）显著提高了受益者的福利（结果变量），或者广告支出的数量（预测变量）对产品销售（结果变量）产生了积极影响。

到目前为止，我们关注的是变量类型（即分类变量与连续变量）及其在关系中的作用（预测变量与结果变量）。正如你在接下来的内容中所看到的，这些区别是统计学素养的关键。它们为你提供了分析数据和选择合适且有信息量的测量方法的坚实基础。请记住，你总是以特定的目的收集和分析数据（除非你属于那些只是为了娱乐而接触数据的少数人）。因此，请确保你选择的测量方法适合你的目标，并帮助你做出良好的决策。

## 频率分布

图 2-3 概述了你需要了解的基础知识，以便对数据有一个概览和感觉。这非常重要，因为在一个需要立即完成一切并且不断地召开会议的世界里，时间就是金钱。了解如何快速而扎实地理解你的数据及其可能揭示的趋势也是如此。

想象一下，你刚刚收到了一份关于重要战略项目成功的数据。你打开文件，看到所有的数字，感到心跳加快，手心出汗。你迫切地想知道数据会告诉你什么，但你不知道从哪里开始。

构建频率分布是了解数据概览和趋势的一种简单、快速的方法（见图 2-3）。频率分布展示了在数据集中每个值出现的频率（Field，2018）。频率分布可以使用不同的格式呈现：表格和图形。假设你的团队收集了志愿

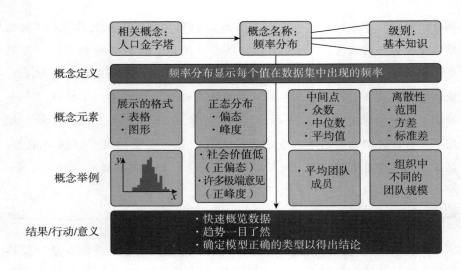

**图 2 - 3  频率分布的概念及其组成部分**

者在你的组织中工作的时间数据（比率变量：志愿服务的年限），现在你想看看这些值是如何分布的。你可以将数据整理成一张表格。如图 2 - 4 中的表格所示，数据表明有 29 名志愿者为你的组织服务了 5 年，而只有 1 名志愿者为你的组织服务了 9 年。同样，你可以将数据整理成图形（见图 2 - 4）。这可以通过数据可视化工具（如 Tableau）轻松完成。当以图形呈现时，频率分布可以采用直方图或条形图的形式。$y$ 轴表示频数，$x$ 轴表示感兴趣的变量。虽然图形包含了与表格相同的信息，但以视觉形式呈现。直方图通常比表格更受欢迎，因为它可以提供更全面、更丰富的概览，尤其是在你拥有大型数据集和每个变量有许多不同值时。

频率分布有点像建筑物：它们具有许多不同的形状和大小。因此，对于任何涉及数据的人来说，有一种描述这些类型分布的词汇是至关重要的。分布通常是根据它们与正态分布的偏差程度进行描述的（Field，2018）。虽然你可能没有听说过正态分布（也称为高斯分布），但你肯定见过它。正态分布呈钟形曲线且对称：如果我们将它从中间折叠，则两侧看起来完全相同。正态分布太完美了，以至于你可能会认为它不存在。但意

| 志愿服务年限 | 频数 | 所占百分比 |
|---|---|---|
| 2 | 4 | 4 |
| 3 | 9 | 9 |
| 4 | 24 | 24 |
| 5 | 29 | 29 |
| 6 | 19 | 19 |
| 7 | 11 | 11 |
| 8 | 3 | 3 |
| 9 | 1 | 1 |
| 总计 | 100 | 100 |

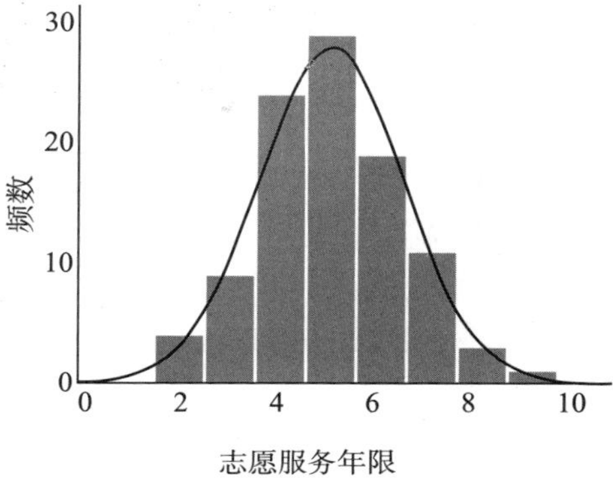

图 2-4　频率分布

外的是，它可以在任何地方发现：许多自然和人造现象都服从正态分布。例如，身高、智商或考试成绩常被观察到遵循正态分布。再次回顾图 2-4 中的直方图：黑线表示正态曲线。正如你所看到的，该组织的志愿服务年限几乎服从正态分布。当你靠近分布的中心或中间时，你会拥有更多值。这意味着中心有许多值，而尾部只有几个值。

分布会通过以下两种方式偏离正态分布：（1）缺乏对称性（偏态）；（2）尖度（峰度）。偏态分布不对称是因为最常观察到的值聚集在分布的一端，而不是聚集在分布的中心（Field，2018）。正偏态分布意味着最常观察到的值聚集在分布的下端，而负偏态分布意味着最常观察到的值聚集在分布的上端（见图 2-5）。

峰度告诉我们分布有多尖，它描述了值在分布的末端（也称为尾部）聚集的程度（Field，2018）。具有正峰度的分布在尾部具有许多值，并且在中心附近也有许多值，这就是它们看起来尖锐的原因。而具有负峰度的分布则相反。这里尾部的值较少，并且靠近中心的值也较少。曲线看起来很平，因为它具有更分散的值和更轻的尾部（见图 2-6）。偏态和峰度统计可以为你提供有关数据的有用见解。假设你想使用不同的问题对你作为雇主的吸引力进行评估，这些问题可以使用从 1（很少）到 7（非常）的比

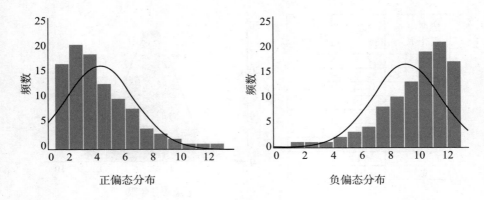

图 2-5 分布的偏态

例测量（Sivertzen et al.，2013）。如果分析显示你的员工对你的组织的社
会价值（即你的组织是否提供积极愉快的社交环境）的回答具有较大的正
偏态，那么你应该警惕。这意味着你的员工通常评价你的组织具有较低的
社会价值。同样，你所在组织的兴趣价值（即你的组织是否提供有趣和刺
激性的工作）的数据可能会呈现出正峰度。这意味着你具有比数据正态分
布更多的极端值。具体来说，有更多的人认为他们的工作非常有趣或非常
无聊（即尾部有许多得分）。

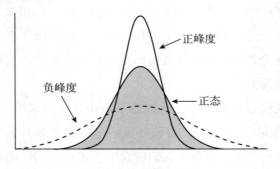

图 2-6 分布的峰度

在概述了你的值是如何分布的之后，你可能想知道分布的中心在哪
里。中心趋势测量值（也称为中心位置）是定位分布中间点或典型值的汇
总统计信息。了解中心趋势测量值很重要，因为它可以帮助你用单个值描

述数据（Porkess and Goldie，2012）。然而，选择不正确或不合适的中心趋势测量值可能会给你的数据带来扭曲或误导性的印象。最常用的三种中心趋势测量值是众数、中位数和均值（Cramer and Howitt，2004）。

众数是数据集中出现最频繁的值（Field，2018）。众数很容易在直方图中找到，因为它具有最高的条形。图 2-7 中的两个条形图显示了一家体育协会的成员在过去 10 年中捐款的频率。在左图中，众数是 5，因为 5 是经常发生的值。这就意味着在过去 10 年中，捐款 5 次的会员最多。但是如图 2-7 右图所示，分布不止一个众数。具有两个众数的分布称为双峰分布，而具有超过两个众数的分布，则称为多峰分布。众数是对集中趋势的度量，可以用于分类变量和连续变量（只要它们有离散的值）。

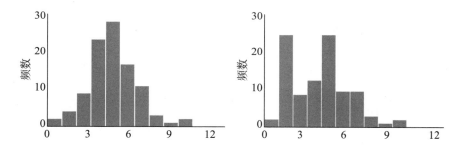

图 2-7　具有一个众数的分布（左）和具有两个众数的分布（右）

众数虽然容易计算和理解，但是也有几个缺点。首先，当每个值只出现一次时，就没有众数。其次，众数可能提供不准确的数据描述，因为它不考虑所有值（它只考虑最常见的值而忽略所有其他值）。图 2-8 就说明了这一点。你可以在右侧的图中看到，当最常见的值远离其他值时，众数就并不能准确地定位中心趋势。

中位数是将数据一分为二的值。你可以通过将数据从小到大排序来找到中位数。中位数是中间值，在它上面和下面的值数量相等。想象一下，你在组织中走访了 11 位来自不同部门的团队领导，询问他们团队的规模。你记录下这 11 位经理的团队成员数量：3、15、7、2、10、5、6、8、11、

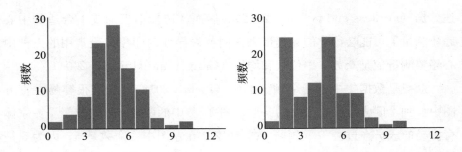

图 2-8　众数能准确定位分布中心（左）与众数不能准确定位分布中心（右）

13、4。要计算中位数，你首先需要将这些值按升序排序：2、3、4、5、
6、7、8、10、11、13、15。

　　然后，你计算值的数量（$n$），将该值加 1，然后除以 2。

　　**公式：奇数个数的中位数**

$$\frac{n+1}{2} = \frac{11+1}{2} = \frac{12}{2} = 6$$

式中，$n$ 是值的个数。

　　这告诉我们第 6 个值是这个分布的中间值。因此，我们知道中位数是
7 个团队成员。当你有奇数个值时，计算中位数很简单。但是，当你有偶
数个值时会发生什么呢？如果你询问了 12 个经理有关其团队规模的信息，
会发生什么？假设第 12 个团队领导有 9 个人在她的团队中。这意味着中位
数位于第 6 个值和第 7 个值的中间（公式：偶数个数的中位数）。为了得到
中位数，我们只需将第 6 个值和第 7 个值相加，再除以 2 即可。因此，团
队成员的中位数数量将是 7.5。图 2-9 可视化地总结了中位数的计算
过程。

　　**公式：偶数个数的中位数**

$$\frac{n+1}{2} = \frac{12+1}{2} = \frac{13}{2} = 6.5$$

式中，$n$ 是值的个数。

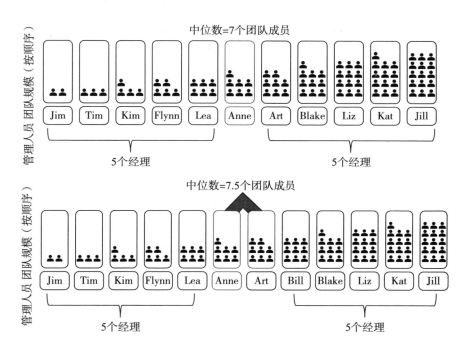

**图 2-9 计算奇数个数的中位数（上）与偶数个数的中位数（下）**

中位数可用于序数、区间和比率变量。我们不能将其用于二元或分类变量，因为这些类别被视为同等而无序。中位数与众数类似，都忽略数据集中的大多数值。中位数只考虑分布中间的值，而不考虑数据中的所有信息。然而，相对于均值，中位数相对稳健，不易受到偏斜数据和异常值的影响（Field，2018）。

可能最常用和最知名的中心趋势测量值是均值。均值背后的概念相当简单，尽管公式看起来很烦琐。你基本上只需将所有值相加，然后将总和除以值的数量。符号 $\bar{x}$ 代表均值，$\sum$ 表示对所有值（$x$）求和，$n$ 表示你拥有的值的数量。在我们的 12 位经理的示例中，均值为 7.75。这意味着平均而言，经理们拥有 7.75 个团队成员。

**公式：均值**

$$\bar{x} = \frac{\sum_{i=1}^{n} x_i}{n}$$

式中，$\bar{x}$ 代表均值，$\sum$ 表示求和，$n$ 表示值的个数，$x_i$ 表示 $x$ 的第 $i$ 个值。

$$\frac{2+3+4+5+6+7+8+9+10+11+13+15}{12}=7.75$$

均值只能用于区间或比率变量。此外，均值有两个主要缺点：它可能会受到偏斜数据和异常值的影响。随着数据的偏斜，均值失去了代表数据集中最典型值的能力，因为偏斜的数据将其拖离中心（Field，2018）。再次查看图 2-5，并尝试想象偏斜如何影响均值。异常值是指与数据集中的其他值非常不同的极端值（Field，2018）。由于均值考虑了所有值，因此一个或少数几个极端值可能会严重扭曲它。当你有异常值和/或偏斜的数据时，建议使用中位数而不是均值（记住：中位数更稳健）。

**数据对话（续）**

企业对企业（B2B）客户调查结果的跟进会议定于第二天举行。

吉姆再次仔细查看数据，以了解异常值和中心趋势测量值。

在会议开始时，吉姆说："我发现了一个有趣的模式。"并向同事们递交了如下两幅图。吉姆认为："事实上，大多数 B2B 客户对我们的客户关系管理非常满意。除了两个客户外，大多数 B2B 客户都给了我们非常好的评价。"他的同事和老板对此感到好奇，正如他们在检查图表时所表现出来的那样。

其中一位团队成员提道："哦，我想我知道发生了什么。还记得我们与两个大型 B2B 客户之间非常不便的误解吗？那是在我们发送调查问卷的前几天。这可能影响了他们的回应。"每个人都知道这件事情，他们很高兴他们已经能够解决问题并澄清误解。客户关系管理主管表示："干得好，吉姆。我们应该在向董事长提交的报告中加上这两幅图。我们可以对这两个异常值进行评论，并解释为什么他们可能会给我们如此差的评价。我们可以展示这些异常值严重影响了均值，并且中位数更稳健，更能代表我们的数据。"会议结束后，吉姆回到了他的办公室。他感到很高兴，因为他不仅学到了一些关于统计学的新知识，还帮助他的团队更好地理解了调查结果。

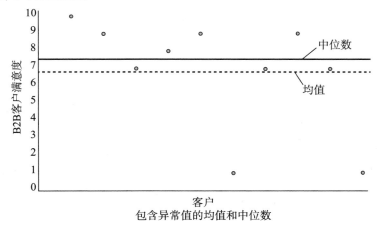

包含异常值的均值和中位数

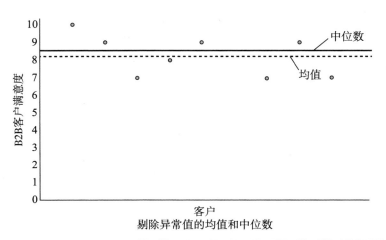

剔除异常值的均值和中位数

我们已经学习到，众数、中位数和均值是确定分布中心点最常用的测量方法。然而，每种测量方法都有优缺点。此外，一些测量方法仅适用于特定的变量类型。因此，问题是选择哪种中心趋势测量方法？决策树可帮助你选择适当的测量方法（见图 2-10）。

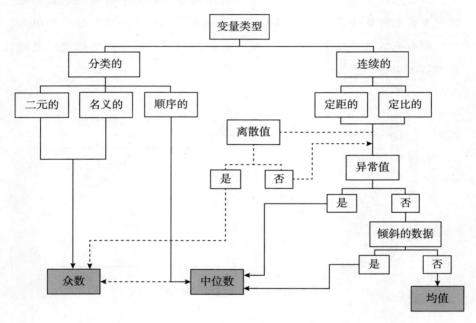

**图 2-10 如何选择合适的集中趋势测量方法**

## 怎么说

### 关于平均的一些内容

当人们谈论"平均"时，他们通常指的是"平均数"。但是，正如你所看到的，有多种类型的平均，其中最常用的是众数、中位数和平均数。因此，为避免误解，请始终明确你正在使用哪种中心趋势测量方法以及为什么使用它。此外，你可能希望让人们了解平均数的限制，并指向数据集中的其他因素，例如方差。这将在下一部分中进一步讨论。

# 我的数据有何不同？一个关于极差的离奇故事

确定分布的中心是一件事，但另一个重要的问题是确定值的分散程度或离散程度（Porkess and Goldie，2012）。分散程度告诉你数据的散布程度。这很重要，因为它让我们了解中心趋势测量值的信息量或可靠性。换句话说，分散程度让我们了解中心趋势测量值如何代表数据。如果值的分散程度很大，则中心趋势测量值对数据的代表性就不如值的分散程度小的情况。因此，我们希望值的分散程度小一些。让我们通过一个例子来说明这一点。假设你是销售团队的负责人，你发现在过去的 15 年中，你的团队平均每年销售 1 000 辆汽车。然而，当销售数量在年份之间差别很大时，例如你的团队在某些年份销售了 50 辆或 60 辆汽车，而在其他年份销售了 5 000 辆汽车，平均销售 1 000 辆汽车的均值并没有提供真正有用的信息。

极差（range）是最简单的差异度量（见图 2-11）。你可以通过将数据中的最大值减去最小值来计算极差（Field，2018）。想象一下，你获取了 7 名高层管理人员在去年发起的项目信息。如果对这些数据进行排序，你会得到 1、2、4、5、7、9、11。正如你所看到的，最大值是 11，最小值是 1。极差相应为 11－1＝10。由于极差基于两个极端观测值（即最大值和最小值），因此它受异常值的影响很大。

解决这个问题的常见方法是计算四分位距（interquartile range）。也就是说，你要剔除顶部和底部 25％的值，并计算中间 50％的值之间的极差（Field，2018）。对于我们的项目数据，四分位距将是 9－2＝7（见图 2-12）。

虽然四分位距不容易受到异常值的影响，但这也是有代价的。我们会失去大量的数据，就像在现实生活中一样，有些东西可能需要我们丢弃，比如体重、债务和坏习惯。但通常情况下，我们不想失去它们，因为我们

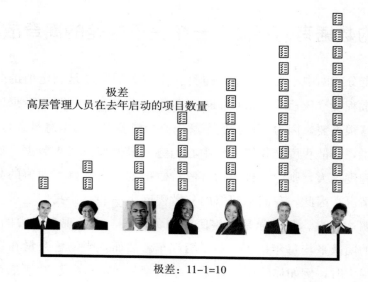

图 2 - 11 计算极差

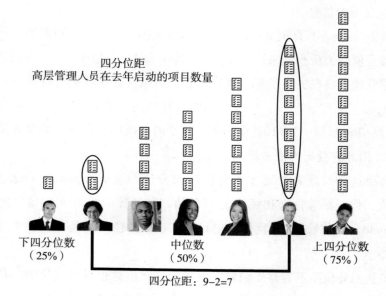

图 2 - 12 计算四分位距

需要它们（或者觉得我们需要它们）。对于数据也是一样。在大多数情况下，我们会尽量保留所有数据，并将其考虑在我们的分析中。因此，根据具体的背景和研究问题，仔细考虑是否使用四分位距或其他差异度量方法非常重要。在某些情况下，可能更适合使用其他差异度量方法，例如方差或标准差，这些方法考虑了所有数据。

如果我们想确定包括所有值的数据的分散程度，那么我们可以看每个值与分布中心的距离。这为我们提供了更全面和整体的数据理解。如果我们使用均值作为分布的中心点，那么我们可以计算偏差。这是每个值与均值之间的差异（Field，2018）。

**公式：偏差**

$$偏差 = x_i - \overline{x}$$

式中，$x_i$ 表示 $x$ 的第 $i$ 个值，$\overline{x}$ 表示均值。

如果我们想知道总偏差，那么我们只需将每个值的偏差加起来。

**公式：总偏差**

$$总偏差 = \sum\nolimits_{i=1}^{n}(x_i - \overline{x})$$

式中，$\sum$ 表示求和，$n$ 表示值的个数，$x_i$ 表示 $x$ 的第 $i$ 个值，$\overline{x}$ 表示均值。

让我们用策略项目来说明这一点。如图 2-13 所示，$x$ 轴代表 7 个经理，$y$ 轴代表他们启动的项目数量。水平线代表均值，垂直线代表每个值与均值之间的差异。请注意，偏差可以是正数或负数（取决于给定值在均值上方或下方）。然而，当我们将所有偏差加起来时，总和为零。

为了解决这个问题，我们可以使用平方偏差。只需对每个偏差（均值与每个值之间的差异）计算平方，并将这些平方值相加。这就是所谓的平方误差和（SS）。我们可以使用平方误差和作为数据分散程度的指标。然而，这里有个问题。问题是总大小取决于我们有多少值。如果我们的项目数据示例中有其他 40 个值，则平方误差和将大大增加。这意味着我们不能

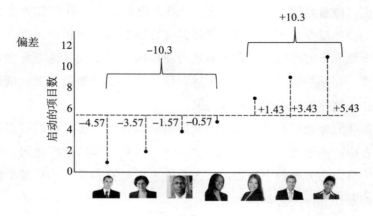

图 2 - 13　项目中的偏差

比较不同大小的群体之间的平方误差和。我们想要的是一种不依赖于值的数量的离散度量。

因此，我们计算平均离差，也称为方差。我们将平方误差和除以值的数量减去 1（Field，2018）。但是有个问题：因为我们使用了平方误差和，所以方差提供的度量是平方单位。这使得方差难以解释。在我们的例子中，我们会说平均误差是 13.3 个项目启动的平方。很明显，这种解释并没有提供很多信息，因为谈论项目启动的平方没有多少意义。因此，我们取方差的平方根。这个非常重要的度量叫作标准差。它通常被认为是衡量数据集中值分散程度的黄金标准。如果你不想自己计算标准差，那么可以找到有用的工具来为你完成这项工作。[1]

**公式：方差**

$$方差 (s^2) = \frac{平方误差和(SS)}{N-1} = \frac{\sum_{i=1}^{n}(x_i - \overline{x})^2}{n-1}$$

式中，$\sum$ 表示求和，$n$ 表示值的个数，$x_i$ 表示 $x$ 的第 $i$ 个值，$\overline{x}$ 表示均值。

**公式：标准差**

$$s = \sqrt{\frac{\sum_{i=1}^{n}(x_i - \overline{x})^2}{n-1}}$$

式中，$\sqrt{\phantom{x}}$ 为平方根，$\sum$ 表示求和，$n$ 表示值的个数，$x_i$ 表示 $x$ 的第 $i$ 个值，$\overline{x}$ 表示均值。

平方和、方差和标准差都是确定数据围绕均值分散程度的度量方法（Field，2018）。分散程度越小，数据离均值越近（越相似）。分散程度越大，数据离均值越远。图 2-14 比较了两个非营利组织高层管理人员发起的项目数量。这两个组织的项目发起均值相同（5.6 的均值）。然而，在组织 X 中发起的项目数量比组织 Y 更为分散。这告诉我们，在组织 Y 中，管理人员发起的项目数量更为一致，而在 X 组织中，管理人员发起的项目数量的差异更大。

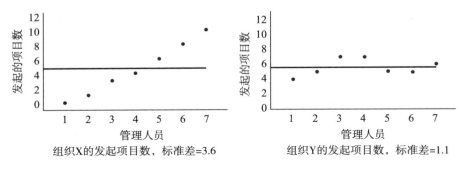

图 2-14  两个组织的发起项目数与标准差

## 怎么说

### 过于精确的陷阱：小数和大数

准确性通常被视为数据质量的重要指标。然而，过度精确和准确可能会产生反效果。许多人很难理解和解释小数点后的数字。例如，以下数字就很难理解：$M$（均值）＝3.456 78，$SD$（标准差）＝1.239 87。作为经验法则：不要使用超过 1～2 个小数位。在特定情况下，3 个小数位可能就足以显示分布中微妙的差异。这样更容易阅读：$M$（均值）＝3.5；$SD$（标准差）＝1.2。

同样，大数字也难以阅读、理解和记忆。例如，销售了 5 630 321 件产品看起来很多，但很难理解它实际上是多少。在这种情况下，建议使用四舍五入的数字，以及逗号、撇号或空格作为千位分隔符。

四舍五入的数字：销售了 560 万件产品；

逗号：销售了 5，630，321 件产品；

撇号：销售了 5'630'321 件产品；

空格：销售了 5 630 321 件产品。

# 关键要点

可以说，大多数人在处理数据和统计数据时并不会感到兴奋。然而，在本章中，我们已经了解到统计是让你的数据发言的关键，它可以为你导航，帮助你分解工作环境的复杂性（并希望你了解到统计并不像它看上去那样枯燥，实际上它还可以很有趣）。

每当你处理数据时，如果从统计学的角度来看，有一些重要的问题需要问自己。

1. 你有哪种类型的数据（定量与定性）？使用统计分析这些数据是否合适？

2. 你感兴趣的变量是什么类别的测量（分类与连续）？因此，哪种类型的均值（即集中趋势的度量）最适合（众数、中位数、均值）？

3. 你的数据中是否有异常值？这些异常值的可能解释是什么？为了避免扭曲结果，是否应该在某些统计分析中剔除它们？

4. 你的变量分布如何？分布是形成完美的钟形曲线，还是偏离正态分布（即偏态和峰度）？

5. 根据数据的分散程度，你的数据在多大程度上一致？

6. 在呈现数据时，你是否确保你使用简单明了的术语进行交流（例如，解释变量名称；具体说明你的意思；说明使用哪种类型的均值以及为什么；不使用超过 2～3 位小数；使用四舍五入的数字或千位分隔符）。

# 陷　阱

## 分析陷阱

- 未能确定数据的正确测量类别（例如，错误地将序数变量分类为离散变量，尽管任意两个值之间的距离不相等）。
- 对名义变量计算中位数或均值。
- 对高偏态的连续数据计算均值。
- 对具有许多异常值的连续数据计算均值，而不讨论这些异常值的影响。
- 在比较均值时未考虑数据的分散程度。

## 交流陷阱

- 在变量名称中使用缩写词和首字母缩略词。
- 当你只观察而没有自己操纵或影响变量时，说自变量和因变量，而不是预测变量和结果变量。
- 使用饼图而不是直方图或条形图来呈现频率分布。
- 未说明你所指的"平均"是什么类型的平均数（例如，众数、中位数或均值）。
- 忽略方差提供了一个单位平方的度量，从而导致了误导性的方差解释。
- 使用超过 2～3 位小数的数字、未四舍五入或未使用千位分隔符（例如，逗号、撇号、空格），而使受众不知所措。

# 更多资源

一个有关如何创建频率分布的短视频：

https：//www. youtube. com/watch? v＝amLYLq73RvE。

下面的在线计算器可以为你计算均值、中位数、众数以及极差和四分位距：

https：//www. calculatorsoup. com/calculators/statistics/meanmedian-mode. php。

# 注　释

1. https：//www. calculator. net/standard-deviation-calculator. html；
   https：//www. statisticshowto. com/calculators/variance-and. standard-deviation-calculator。

第 3 章 / *Chapter Three*

# 用数据模拟世界：预测结果

## 你将学到什么？

本章将向你展示如何识别数据中的模式并理解它们的含义。你还将学习如何将数据用于预测目标（例如，找出一件事对另一件事的影响程度）。此外，我们将讨论如何从数据中推出概括性结论，以及如何区分"具有统计意义"和"具有实际意义"的发现。

**数据对话**

几个星期以来，伊莱恩的团队成员比平时压力更大，就像有一片乌云笼罩在他们的头顶。这片乌云以竞争对手的形式出现，该竞争对手推出了一种与他们自己的"摇钱树产品"非常相似的新能量饮料。"客户会不会更喜欢竞争者的能量饮料，从而停止购买我们的产品？"——团队成员经常在喝咖啡休息时担心和讨论这个问题。于是，营销主管伊莱恩委托市场调研机构就顾客对这两款饮品的反应进行了调查。

那是一个星期一的早上，她的收件箱里突然弹出一封来自市场调研机构的邮件。该机构通知伊莱恩，数据收集已经完成，他们已经对 4 000

多名参与者进行了研究。此外，在这封电子邮件的附件中，他们向伊莱恩发送了原始数据。伊莱恩很好奇，打开数据文件开始探索数据。她有统计学的基本知识，并且有足够的信心自己做分析。当伊莱恩进行分析时，她的脸色变得越来越苍白。她打印出分析结果，从办公桌旁站起来，径直走进了团队同事的办公室。"芭芭拉，你是不会相信的，"她没有敲门就说，"我刚刚看了市场调研机构的数据。人们似乎更喜欢竞争对手的能量饮料而不是我们的。"但是，等等——也许伊莱恩没有看到全貌。

# 线性关系

对世界如何运作感到好奇是人类的本性。也许你小时候摸过热炉子，想看看会发生什么（并希望吸取教训），或者你尝试说最好听的话来引起暗恋对象的注意。这种与生俱来的想要弄清楚事物之间关系的动力也伴随着我们的职业生涯。与你工作的专业环境相关的典型问题可能是："天气与你的产品（例如冰激凌或雨伞）销售有什么关系？"或"志愿者的数量与组织目标的实现有什么关系？"弄清楚事物之间的关系可以让你更充分、更深入地了解你的项目，并帮助你做出更明智的决策。这正是这个日益复杂和错综复杂的世界所需要的。

但是，请注意，如果两件事仅仅看起来似乎有联系，并不一定意味着两者真的存在因果关系。换句话说，观察事物之间的联系并不自动意味着一件事导致另一件事。让我们一步一步来。

在上一章中，我们一直在处理单变量数据。这意味着，我们一次只查看一个变量。例如，我们对高层管理人员发起的项目数量以及它们的差异有多大感兴趣。

如果我们对两个变量之间的关系感兴趣，那么我们处理的是二元数据（Cramer and Howitt，2004）。在下文中，我们将处理两个变量之间的关系

（见图 3-1）。更具体地说，我们将关注最常见的关系类型，即线性关系。

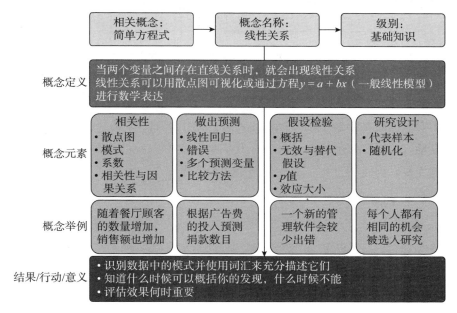

图 3-1　线性关系的概念及其组成

这些也称为直线关系。线性关系模型也是许多数据分析方法的"主力"。

图 3-1 概述了我们接下来将要介绍的内容。阅读本章后，你将掌握必要的知识，以彻底理解事物之间的线性关联，并能够使用你的数据进行预测，从而避免在数据归纳和解释结论时出现最常见的错误。此外，你将学习一些关键术语，以便在谈论这些事情时感到精通统计学。总体而言，本章将增强你对统计数据的信心。所以，给自己泡杯咖啡，坐在舒适的椅子上，让我们来带领你穿越线性关系的神奇世界。

让我们先从一个例子开始。想象一下，你想知道每天光顾你餐厅的人数与你每天的销售额是否相关。假设你在 4 个月的时间里随机选择了 8 天收集数据，并在表 3-1 中写下你的观察结果。

表 3-1 二元数据示例

| 人数 | 2 | 4 | 12 | 14 | 8 | 10 | 16 |
|---|---|---|---|---|---|---|---|
| 餐厅销售额（美元） | 200 | 400 | 1 200 | 1 500 | 900 | 1 000 | 1 700 |

表 3-1 包含你观察到的所有数据，但是，从该表很难看出是否存在某种关联。为了更好地了解你的数据，你可以绘制图表——所谓的散点图。你所要做的就是绘制横轴和纵轴。通常我们用横轴（$x$ 轴）表示预测变量，用纵轴（$y$ 轴）表示结果变量。在我们的示例中，我们将餐厅客流量作为预测变量，并将餐厅销售额作为结果变量（见图 3-2）。

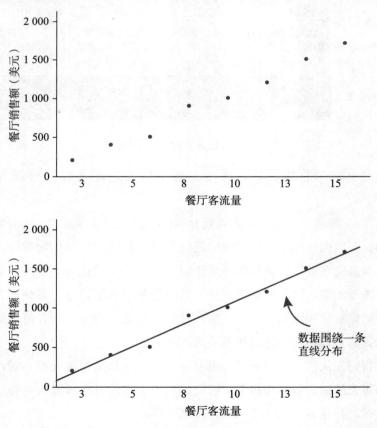

图 3-2 散点图和带有拟合直线的散点图表明数据形成上升趋势

有了散点图，一幅更清晰的图就出现了。我们可以看到数据聚集在一条假想的直线周围，并且这条直线向上倾斜（见图 3-2）。散点图表明，随着光顾餐厅的人数增加，餐厅销售额也会增加，表明餐厅客流量与餐厅销售额相关。

散点图显示了两个变量之间的相关性（Griffiths，2009）。相关性是两个变量之间的数学关系。当数据能够近似形成一条直线时，它们之间就具有线性的相关性。让我们来看看不同类型的相关性（见图 3-3）。当数据显示上升趋势时，会出现正线性相关。变量之间的关系可以描述为"$X$ 越多，$Y$ 越多"或者"随着 $X$ 的增加，$Y$ 也增加"。一个例子是"员工越多，工资成本越高"。

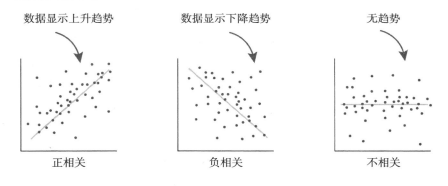

图 3-3  线性相关关系示例

当数据显示下降趋势时，会出现负线性相关。变量之间的关系可以描述为"$X$ 越多，$Y$ 越少"或"随着 $X$ 的增加，$Y$ 减少"。一个例子是"竞争者越多，市场份额越少"。

也有可能两个变量之间没有相关性。当数据形成是基于随机模式时，就会发生这种情况（Rumsey，2016）。

所以，你刚刚了解到了什么是相关性以及如何正确区分不同的线性模式。但是你为什么需要这些？答案很简单：拥有描述数据模式的词汇是建立统计技能的关键。你应该不想站在同事面前（或更糟糕的是，站在老板面前）不知所措地为数据分组命名。毕竟说"数据形成线性上升模式"要比"数据上升"优雅得多。

在谈论相关性时，请务必记住，除了线性关系之外，还存在其他类型的关系（Rumsey，2016）。图3-4显示了散点图的一些示例，其中两个变量形成明显非线性的关系。当一个变量随着另一个变量的增加而增加时，就会出现所谓的倒U形关系（也称为曲线型），但仅限于某一段时间。在那之后，其中一个变量继续增加，而另一个则减少。倒U形关系的一个例子是咖啡消费和工作效率。人们喝的咖啡越多，他们的工作效率就越高，但最多只能喝一定数量的咖啡。当人们喝太多咖啡时，他们可能会变得焦躁和紧张，从而导致工作效率下降。指数关系是另一种类型的非线性关系。指数意味着一个变量是指数。我们已经在传染病的背景下了解过指数关系。如果有人被感染，他就会传播病毒。而被感染的人会自己传播病毒。就这样，病毒四处传播，感染了越来越多的人。还有一种非线性关系是S形关系。时间和组织成长之间可能存在这样的关系。起初组织成长缓慢，随后是快速增长阶段，然后是增长放缓的巩固阶段。

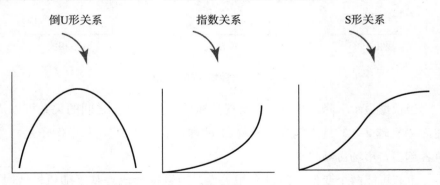

图3-4 非线性关系示例

除了线性关系之外，理解其他类型的关系也十分重要。然而，为了保证较低的复杂性，非线性关系不会在本书中涉及。好消息是，在现实生活中我们会发现大量的关系都属于上升-下降线性关系。

在散点图中，可视化二元数据有助于发现是否存在正线性模式或负线性模式。然而，散点图不会为你提供有关这种关系的范围和性质的"确凿事实"。我们想要的是一个统计数据，使我们能够量化方向（正、负）和线性关系的强度（弱、中、强）。这很重要，因为它使我们能够立即了解两个变量之间的关系，从而促进对这种关系的讨论和解释。当速度和敏捷性至关重要时，仅用一个数字来描述关系是关键。

告诉我们两个变量之间线性关系的方向和强度的术语称为相关系数。相关系数可以取 $-1$ 到 1 之间的值，通常用字母 "$r$" 表示（Cramer and Howitt，2004）。它也被称为皮尔逊相关系数（Pearson correlation coefficient）。

但是，如何从皮尔逊相关系数中推断出两个变量之间线性关系的方向和强度呢？

首先，系数的符号告诉你有关方向的一些信息。如果皮尔逊相关系数为正（正号），则存在正线性关系。这意味着，数据呈线性上升模式。如果皮尔逊相关系数为负（负号），则两个变量之间存在负线性关系。这意味着，数据呈线性下降模式。

其次，有关关系强度的信息被编码为系数的大小。系数越接近 $+1$ 或 $-1$，相关性就越强。为了更好地理解线性关系的强度，请查看图 3-5（强相关性与弱相关性）。在图的左边，你会看到非常强的正线性关系（皮尔逊相关系数 $r=0.99$）。如你所见，数据并非完全在线上，但它们非常紧密地围绕它分布。相反，在图的右边，你会看到较弱的正线性关系（皮尔逊相关系数 $r=0.11$）。在这里，数据广泛分散在线的周围。但这意味着什么？这意味着这两个变量联系不紧密。因此，说"随着 $X$ 的增加，$Y$ 也增加"并不是很准确。

你现在可能想知道强、中和弱相关性的阈值是多少。在生活中，这个问题通常没有明确的答案。但是，一些有用的经验法则可以用来解释关系的强度。表 3-2 总结了这些内容，并为你提供了相关系数的解释指南。

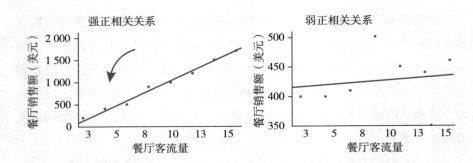

图 3-5 强相关性与弱相关性

说明：由越多的数据形成直线且每个数据点离该线越近，相关关系就越强。

表 3-2 相关系数的解释指南

| 关系的强度 | 关系的方向 | |
| --- | --- | --- |
| | 正 | 负 |
| 完全相关 | +1 | −1 |
| 强 | +0.9 | −0.9 |
| 强 | +0.8 | −0.8 |
| 强 | +0.7 | −0.7 |
| 中 | +0.6 | −0.6 |
| 中 | +0.5 | −0.5 |
| 中 | +0.4 | −0.4 |
| 弱 | +0.3 | −0.3 |
| 弱 | +0.2 | −0.2 |
| 弱 | +0.1 | −0.1 |
| 零 | 0 | 0 |

## 怎么说

### 误解扼杀了灵活性

谈论相关性通常是混淆的根源。当参与项目或会议的人员具有完全不同的数据素养水平时，情况尤其如此。有些人可能会为"变量之间的关联"这一术语感到苦恼，而另一些人可能会将"负相关关系"视为不好或不利的词汇。对统计概念的误解会严重影响讨论的质量，并阻碍进入拥有灵活性和创造力的状态。为避免误解，请详细说明分析中的内容的真正含义，让受众有机会了解你做了什么及它的含义是什么。

作为指导原则，一份好的演示文稿或报告应该回答以下关键问题：

- 做了什么？我们可以从中学到什么？
- 它是怎么做到的？
- 为什么要这样做？
- 谁做的？
- 什么时候做的？
- 在哪里做的？

你可能想知道你是否可以用各种变量计算皮尔逊相关系数（Field，2018）。不幸的是，你不能。皮尔逊相关系数需要连续变量（区间或比率）。但是，如果你有两个序数变量，则可以使用斯皮尔曼等级相关系数（Spearman's rho）或肯德尔相关系数（Kendall's tau）。这些统计数据适用于序数变量相关系数的反映（Cramer and Howitt，2004）。请记住：虽然序数变量的值是有序的，但值之间的差异不相等。斯皮尔曼等级相关系数和肯德尔相关系数都可以取 $-1$ 到 1 之间的值，这表示两个序数变量之间关系的方向和强度。如果你有两个分类变量（二元变量或名义变量），则可以使用克莱姆相关系数（Cramer's V）等统计数据（Cramer and Howitt，2004）。然而，这个统计数据只告诉你一些关于关联强度的信息，而不是方向（正向与负向）。

可能你也想要调查连续变量和二元变量（具有两个类别的分类变量）之间的关系。在这种情况下，你应该使用双列相关系数或点双列相关系数。当其中一个变量是真正的二分（例如，购买产品与不购买产品）时使用点双列相关系数，而当其中一个二元变量是人为二分时使用双列相关系数（例如，通过考试与考试不及格）（Field，2018）。由于点双列相关系数和双列相关系数的范围都是从－1到1，因此可以表明关系是正的还是负的，以及关系有多强。

如果两个变量呈强相关，那么是否意味着两个变量存在因果关系？我们可以假设一个变量导致另一个变量吗？深呼吸。答案是不。相关性仅意味着两个变量之间存在数学关系，但并不意味着一个变量导致另一个变量，更不意味着这种关系是有意义的。例如，你可能对增加巧克力销量的因素感兴趣，并因此收集数据。想象一下，你发现每个国家或地区的律师人数与巧克力销量呈正相关，即随着律师人数的增加，巧克力销量也会上升。虽然该统计数据告诉你律师人数与巧克力销量之间存在很强的联系，但它并没有告诉你律师人数是否真的会导致巧克力销量的增长。所以，简而言之，不要混淆相关性和因果关系！使用你的常识来判断相关性是否有意义。

# 了解预测模型的工作原理

相关性告诉你两个变量之间是否存在关联。但是，在某些情况下，你可能有（理论上或经验上的）理由假设一个变量会影响另一个变量。在这种情况下，你可能想要做出预测。这意味着，你将使用一个变量来估计另一个变量的变化。简而言之，预测会告诉你"一件事如何影响另一件事"。

随着数据可用性的增加，使用预测模型进行决策在现代商业世界中迅速取得了进展。进行预测可以更有效地分配资源，因为它可以让你了解一件事如何影响另一件事。因此，预测模型对于任何类型的组织单位都很重要，从营销到人力资源管理，再到财务或信息技术（information technology，IT）部门。以下将向你展示如何做出合理的预测，以及在将你的发现推广到数据之外时如何避免最常见的错误。

假设你看到一项研究得出的结论是，广告费用可以提高非营利组织的筹款效率。因此，作为非营利组织的经理，你决定收集组织过去 10 年的广告费用和每年捐款金额的数据。具体来说，你有兴趣根据在广告上花费的金额来预测可能的捐款金额。

为此，你可以在散点图中可视化收集的数据，$x$ 轴为广告费用，$y$ 轴为捐款金额。然后，你尝试通过尽可能接近地拟合数据的点找到直线。最适合数据的直线称为最佳拟合线或回归线（Griffiths，2008）。但你为什么要这样做？因为这条线形象化了我们可以期望一件事影响另一件事的程度。在我们的示例中，这条线表示特定广告费用的预期捐款金额（见图 3-6）。

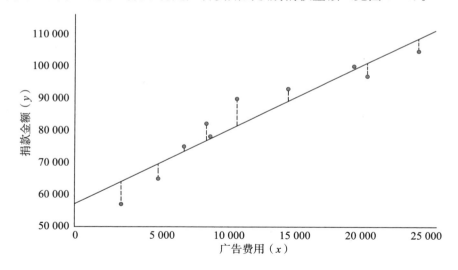

图 3-6　回归线与残差

说明：数据（实际捐款金额）与回归线（估计捐款金额）之间的距离用虚线标出。这称为模型误差或残差。每个数据点都有一个残差。

你怎么知道这条线经过哪里？依靠你的眼睛和直觉来画它是不明智的。有一种更好、更准确的工具，即你可以使用线性回归模型来做到这一点。你之前可能听说过回归分析，因为它是分析（甚至许多 AI 应用程序）的基石。回归分析只是一个花哨的术语："我们通过使用线性方程用一个事物来预测另一个事物"。但是线性方程如何帮助我们找到最接近尽可能所有数据点的线？通常的办法是通过最小化模型的误差，也称为残差。它是你收集的数据（即你测量的数据）与你的模型预测（即回归线）之间的差异。图 3-6 表明了我们所说的数据与线之间的距离的含义。这种差异越大，模型越差。差异越小，模型越好。

要进行回归分析，我们必须定义一个预测变量（在我们的例子中是广告费用）和一个结果变量（即捐款数额）。最简单形式的线性回归模型是基于方程 $y=a+bx$，其中 $a$ 是直线穿过垂直轴的点（截距），$b$ 是直线的斜率（或梯度）（Griffiths，2008）。图 3-7 可视化了等式的组成部分。斜率 $b$ 表示回归线的陡峭程度，斜率告诉你随着预测变量每增加一个单位，你可以预期结果会发生多大变化。这在图 3-7 中可以用与回归线相连的三角形进行表示。换句话说，斜率是预测变量（$x$）每单位变化与结果变量（$y$）变化的比率。在我们的示例中，斜率表示随着广告费用每增加一美元，我们可以预期捐款金额会增加多少。

我们现在将详细说明截距和斜率，通过解释回归分析的这两个关键组成部分，为你提供必要的背景知识。这将帮助你更深入地了解预测的工作原理，这也对于理解当今预测分析的工作原理非常关键。我们承认接下来可能不是最令人愉快的阅读。但是，我们的确已经尽最大努力使其尽可能地简短。

要找到最适合数据的直线，我们需要确定截距（$a$）和斜率（$b$）的值，以最小化你收集的数据与直线之间的距离。我们将首先看斜率。我们正在寻找的 $b$ 的值可以根据以下等式计算。不用担心，我们不会用关于这个等式的冗长解释来折磨你。你只需知道以下内容：$x$ 是预测变量，$y$ 是

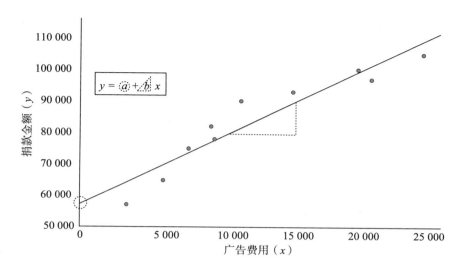

图 3-7　最佳拟合线/回归线

结果变量。为了确定等式，基本上有两件事你必须去做。首先，你要计算广告费用的均值和近几年的实际广告费用之间的差额。其次，你必须计算所有捐款金额的均值与实际捐款金额之间的差异。

**公式：回归斜率 b**

$$b = \frac{\sum_{i=1}^{n}(x_i - \overline{x})(y_i - \overline{y})}{\sum_{i=1}^{n}(x_i - \overline{x})^2}$$

式中，$\sum$ 表示求和，$n$ 表示样本量，$x_i$ 表示 $x$ 的第 $i$ 个值，$y_i$ 表示 $y$ 的第 $i$ 个值，$\overline{x}$ 是 $x$ 的均值，$\overline{y}$ 是 $y$ 的均值。

无论如何，让我们保持这个等式不变。在我们的示例中，斜率为 1.96。但是这个斜率告诉我们什么？

要解释斜率，我们必须考虑结果变量和预测变量的单位。捐款金额和广告费用均以美元计算。斜率为 1.96 表示广告费用每增加 1 美元，捐款金额增加 1.96 美元。

当结果变量和预测变量以不同的单位衡量时，事情会变得有点复杂。

假设结果变量以 10 分的工作满意度量表（$y$）衡量，预测变量是每年休假周数（$x$），你会发现斜率为 1.4。这是什么意思？如果不考虑结果变量和预测变量的单位，那么这个数字就没有多大意义。考虑到单位，你了解到 1.4 的斜率意味着每增加 1 周的假期（预测变量的变化），满意度点数就会增加 1.4（结果变量的变化）。

那么截距 $a$ 呢？我们如何知道直线与 $y$ 轴的交点？回归方程为 $y = a + bx$。回归线代表最佳拟合线，因此，该线经过了结果变量和预测变量的均值。同样在这里，我们不会用冗长的解释来说明为什么会这样，请相信我们。在我们的示例中，我们采用捐款金额和广告费用并计算每个变量的均值。此外，我们已经知道 $b$ 值（斜率）。

这使我们能够计算出截距的值（见下面的等式）。回归线在 59 890 处与 $y$ 轴相交。我们可以这样解释这个值：如果不花钱做广告，那么我们的组织预计会收到 59 890 美元的捐款。

但是，在解释截距时需要谨慎。我们的广告费用为零（即 $x = 0$）的点位于我们收集的数据范围之外。通过图 3-7，你会发现我们没有低于 2 200 美元的广告费用数据。作为一般规则，你永远不应该对位于你实际上收集数据范围之外的点进行预测。变量之间的关系可能会改变，但你不知道它是否改变，因为你没有收集这些数据。例如，对于 0~2 000 美元之间的广告费用，广告费用和捐款金额之间的关系可能是指数关系，而不是线性关系。因此，我们基于线性模型计算的截距将是一个非常不准确的预测。在某些情况下，截距是无意义的，例如，当 $x = 0$ 附近的数据不存在时（例如，身高：人的身高不能为 0 或 2 厘米）。

**公式：截距 $a$**

$$a = \overline{y} - b\overline{x}$$
$$a = 84\,200 - 1.962 \times 12\,390$$
$$a = 59\,890$$

正如我们所见，线性回归模型允许你计算出最适合你的数据的直线。

幸运的是，诸如 Tableau 之类的先进数据可视化工具使你无须自己计算最佳拟合线。这些工具计算最佳拟合线并为你提供各种统计数据，包括相关系数。然而，在绝大多数情况下，最佳拟合并非完美拟合：几乎不会发生所有数据都恰好位于直线上的情况。你收集的数据与你预测的值之间几乎总是存在差异。请看图 3-8，从实际值到预测值的虚线形象化了这种差异。考虑到我们所做的预测中存在一定量的误差，我们需要使用误差项扩展回归模型（见图 3-8）。

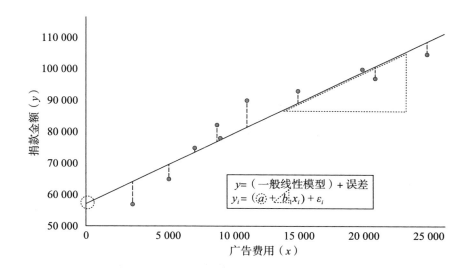

**图 3-8　带误差项的线性回归模型**

到目前为止，我们已经了解了如何根据一个变量预测结果。但请思考一下：你自己的决定是否只受一个因素驱动？

你买衣服只是因为价格标签吗？或者，你是否仅仅因为熟悉该非营利组织而向慈善机构捐款？在这些情况下，你的答案都可能是"否"。通常，我们的决策受到许多因素的影响，其中一些因素比其他因素有更大的影响。因此，考虑多个预测因子对给定结果的影响是有意义的。线性回归模型的一个引人注目的优点是，我们可以扩展它，并包含任意数量的预测变量。添加一个额外的预测变量，可以用以下等式表示：

**公式：多预测因子的回归**

$$y=（一般线性模型）+误差$$
$$y_i=(a+b_1x_{1i}+b_2x_{2i})+\varepsilon_i$$

式中，$y$ 是结果值，$a$ 是截距，$b_1$ 表示第一个预测变量的斜率，$b_2$ 是第二个预测变量的斜率，$x_{1i}$ 是第一个预测变量的第 $i$ 个值，$x_{2i}$ 是第二个预测变量的第 $i$ 个值，$\varepsilon_i$ 是误差。

正如你所看到的，仍然有一个截距 $a$。唯一的区别是我们现在有两个变量，因此有两个回归斜率（两个 $b$ 值）。此外，数据的可视化看起来略有不同。我们现在有一个回归平面，而不是回归线。与回归线一样，回归平面希望最大限度地缩小已收集的数据与预测值之间的距离。目的是最小化回归平面和每个数据点之间的垂直距离。回归平面的长度和宽度显示了预测变量的 $b$ 值（Field，2018）。使用一个或两个预测变量进行回归可视化相对容易（见图 3-9）。然而，对于 3 个、4 个、5 个甚至更多的预测变量，可视化并不容易，因为我们无法产生超出三维的可视化。

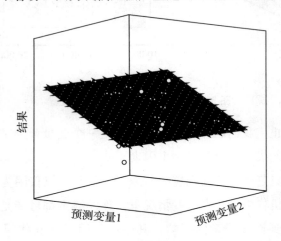

**图 3-9　具有两个预测变量的回归（回归平面）**

让我们再次以广告费用和每年的捐款金额为例。想象一下，我们还想知道发送给会员的时事通讯数量是否会影响捐款金额。因此，广告费用和时事通讯数量将是预测变量。广告费用的斜率为 1.51，而时事通讯数量的斜率为 363.17。但是，时事通讯数量的斜率意味着什么？正如我们之前所说，我们必须考虑预测变量和结果变量的单位来解释 $b$ 值。斜率为 363.17，表示我们每发送给会员一份时事通讯，捐款金额将增加 363.17 美元。

$b$ 值具有巨大的缺点：如果预测变量具有不同的单位，则 $b$ 值不能直接比较。然而这个问题有一种简单的解决方法：我们可以标准化 $b$ 值，以便它们可以直接相互比较。标准化的 $b$ 值称为 $\beta$ 值。不同预测变量的 $\beta$ 值可以很容易地相互比较，因为它们以标准差作为单位（Field，2018）。

在我们的示例中，广告费用的标准化 $\beta$ 值为 0.73。这意味着，随着广告费用每增加一个标准差，捐款金额就会增加 0.73 个标准差。由于捐款金额的标准差为 15 611.96 美元，因此这意味着捐款金额增加了 11 369.73 美元。需要注意的是，只有当时事通讯数量对捐款金额的影响保持不变时，这种解释才是正确的。

时事通讯数量的标准化 $\beta$ 值为 0.25。随着广告数量每增加一个标准差，捐款金额将增加 0.25 个标准差。这意味着 3 902.99 美元的变化。同样，只有当广告费用对捐款金额的影响保持不变时，这种解释才是正确的。总体而言，我们示例中的 $\beta$ 值表明，广告费用的影响要比发送给会员的时事通讯数量的影响大。

因此，你可以从此分析中学到的一件事是，你的广告费用比你发送的时事通讯数量更能影响人们捐赠了多少钱。然后，这种洞察力可能会为你的整体营销策略提供信息，并帮助你确定优先级。

## 怎么说

### 抵制使用行话的诱惑

分析和呈现数据需要做大量的准备工作，而且通常需要大量的专业知识。你在数据和统计上投入的时间越多，你对统计术语的熟悉程度就越高。但要注意：你的受众可能没有相同的知识水平。当抛出诸如"相关性""皮尔逊相关系数""回归""斜率""截距"这些术语时，你很有可能吓跑你的受众，而不是激发他们对项目的兴趣。此外，诸如"统计显著性"或"巨大效应"等术语，我们将在本章后面进行介绍，这对非统计学家来说很少有意义。永远记住，简单明了的沟通是任何成功的核心。因此，应尽可能避免使用专业术语（即只对一小部分人有意义的语言）。试着用简单的话解释你的意思，即你是如何得出结论的，并帮助人们解释数字、表格和统计数据的含义。例如，不要指望人们知道"0.51 的负相关系数"对你的项目意味着什么。解释相关系数测量的内容（即两事物之间关系的强度和方向；不是因果关系）以及你将如何解释它与你的项目有关。如果你不确定你是否已经适当地简化了你的语言，那么想象一下你会如何向你的父母、伴侣、孩子或朋友解释它。在本章末尾，你还将找到有关如何以更易于理解的术语表达统计概念的有用概述。

正如你可能已经猜测到的那样，回归分析需要在区间或比率水平上测量连续变量。然而，在通常情况下，预测变量是分类的。这意味着，你希望通过一个结果来比较组（类别！）之间的差异。你可能感兴趣的典型问题是：客户是否更喜欢我们的产品而不是竞争对手的产品？或者，如果我们给予成员金钱激励或非金钱激励，那么他们在组织中志愿服务的时间会更长吗？这些问题涉及根据一个或另一个组中的成员身份预测结果（Field，2018）。好消息是，对于这类问题，我们仍然可以使用线性模型。

　　想象一下，你公司的首席执行官（chief executive officer，CEO）委托你评估公司是否应该为员工购买符合人体工程学的家具。为了使用数据来支持你的建议，你需要设置一个小实验。在此实验中，你将测量人们的健康在多大程度上受到他们的工作场所是否配备了符合人体工程学的家具的影响（如图 3-10 所示）。因此，根本问题是：符合人体工程学的家具会影响人们的健康吗？这个问题可以转化为线性模型，其中包含一个二元预测变量（没有符合人体工程学的家具与符合人体工程学的家具）和一个连续的结果变量（自我报告的健康状况；范围从 1 到 7 的量表）。

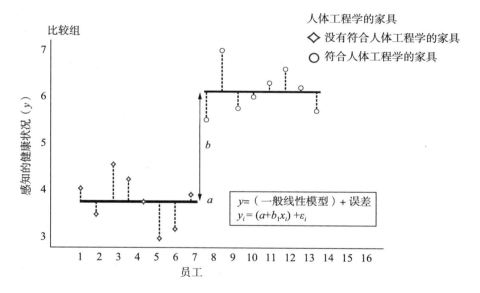

**图 3-10　比较两种均值**

　　请记住，线性模型的方程为 $y=(a+bx)+\varepsilon$，其中 $a$ 是截距，$b$ 是斜率，$\varepsilon$ 是预测结果的误差，$x$ 表示预测变量。但是，当我们比较两组时，预测变量取什么值？在我们的示例中，人体工程学家具是我们的二元预测变量：是否为员工提供符合人体工程学的家具。"没有符合人体工程学的家具"条件是我们的基准组，用数学术语来说，这意味着我们将该组中的员工分配为 0。"符合人体工程学的家具"条件是我们的实验小组，因此，我们将该组中的员工分配为1。所以，$x=0$ 表示无人体工程学家具组，$x=1$ 表示人体工程学家具组。

　　首先让我们来研究无人体工程学家具组。已知人们在无人体工程学家具组，对于他们的健康状况，我们所能做出的最好的预测是什么？是组均值，也就是无人体工程学家具组中的人们表现出的平均健康水平。由于在我们的真实数据与预测结果之间，组均值是差异最小的汇总统计数据，因此它是最好的预测值。换句话说，在我们的预测中，组均值误差最小（Field，2018）。基本上，这是最小的平方误差，但这不要紧。

　　了解了组均值是员工健康水平的最好预测值之后，我们也知道了在预测无人体工程学家具组的结果时，应在方程中放入什么值：确切来说，是组均值（$x_{无人体工程学}=3.76$）。预测变量 $x$ 的值为 0，这是因为我们已经将无人体工程学家具组定义为基准组。假设我们忽略误差项，方程如下所示。正如你所见，截距 $a$ 等于无人体工程学家具组的均值。

### 公式：截距等于对照组的均值

$$y=一般线性模型$$
$$健康状况_i=a+b\times人体工程学值_i$$
$$\overline{x}_{无人体工程学}=a+b\times0$$
$$\overline{x}_{无人体工程学}=a$$
$$a=3.76$$

　　那么人体工程学家具组又是什么情况呢？对于人体工程学家具组的员工的健康状况，我们所能做出的最好预测是组均值。对于这个组，均值是6.13。预测变量 $x$ 的值为 1，因为这就是我们赋予人体工程学家具组的员工的值。记住 $a$（截距）等于无人体工程学家具组的均值（$x_{无人体工程学}$）。如果我们给方程填入值并忽略误差项，我们就得到了如下所示的方程。如你所见，$b$（斜率）代表了两组均值的差值（在这里是：$6.13-3.76=2.37$）。

**公式：在比较两个均值时计算差值**

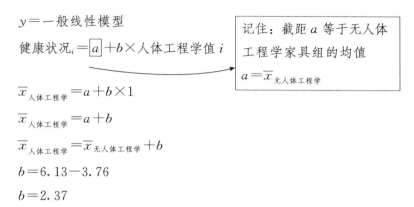

$$y=一般线性模型$$

$$健康状况_i=\boxed{a}+b\times人体工程学值i$$

记住：截距 $a$ 等于无人体工程学家具组的均值

$$a=\overline{x}_{无人体工程学}$$

$$\overline{x}_{人体工程学}=a+b\times1$$

$$\overline{x}_{人体工程学}=a+b$$

$$\overline{x}_{人体工程学}=\overline{x}_{无人体工程学}+b$$

$$b=6.13-3.76$$

$$b=2.37$$

让我们来总结一下到目前为止都学习了什么。当我们有两个类别的分类预测变量时，截距 $a$ 等于定义为对照组的组均值，斜率 $b$ 代表两组均值的差值。这个差值表明某个组的成员是否会影响结果。

你可能在想，事实上我们本可以只让你观察组均值并研究是否有不同，为什么我们还要求你去接触所有这些方程呢？答案很简单。我们希望能够帮助你在线性模型如何工作以及如何应用于预测某一组的成员是否对结果有影响等方面形成深入理解。

在继续前进之前，让我们再评述一下分类预测变量。正如我们之前提到的那样，线性回归模型一大卓越的优点是我们可以对它进行扩展，模型中可以包含尽可能多的预测变量。当你有三个或以上类别的分类预测变量时也是如此。这里有个例子。

让我们想象一下你要测试的三种人道主义援助方案的影响，并与对照组进行比较。你可以有一个组获得材料支持（比如工具、器械），一个组获得财务支持（比如金钱），一个组获得技术支持（比如专有技术），还有一个组没有获得任何支持。假设在项目结束 6 个月之后，你采访了这些人，让他们来评价他们的生活质量。

正如你在图 3-11 中观察到的那样，截距 $a$ 等于对照组的组均值。此

外，$b$（斜率）代表每个组的均值和对照组的差值。斜率表明所有种类的
人道主义援助方案都改善了生活质量。$b$ 值进一步表明，与不给予支持相
比，财务援助对人们的生活质量产生了最强的改善效果。

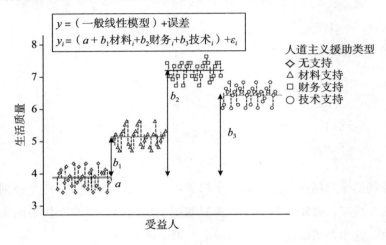

$$y =（一般线性模型）+误差$$
$$y_i =（a + b_1材料_i + b_2财务_i + b_3技术_i）+ \varepsilon_i$$

人道主义援助类型
◇ 无支持
△ 材料支持
□ 财务支持
○ 技术支持

**图 3 - 11　比较几种均值**

## 怎么说

### 不要把联系在一起的方法分开

在数据讨论中经常出现一个错误观点：当你有一个连续预测变量和一
个连续结果时，你要使用回归分析，但在有一个分类预测变量和连续结果
时，你要使用方差分析（analysis of variance，ANOVA）。如果在高中或
大学里你学习了统计学课程，那么你可能在一节课中学过回归分析，在另
一节课中学过方差分析。也许老师曾告诉你"ANOVA 是回归分析的特殊
情况"，并且这二者"以某种方式联系起来"。虽然回归分析用于连续预测
变量，ANOVA 用于分类预测变量，但这两者是同种东西，即在字面意义
上是一样的含义。正如我们在之前的内容中所展示的那样，它们是基于同
一个方程（$y = a + bx$）。所以，无论何时你听到有人在回归分析和 ANO-
VA 之间划出明确界限，请站起来告诉他们为什么这只是人为的差别。请

打破这个误解。

到现在为止，你已经强化了统计学技能，并对如何做出预测形成了更深入的理解。但还有一件事我们尚未强调，并且这一点经常引发迷惑与误解，甚至是在数据科学家之间。让我们带你一点一点了解它。

## 如何推广你的结果

想象你在一家有着数千员工的大型国际化公司工作。在董事会会议上曾数次提到同一个问题，就是员工们常常因为使用落后且枯燥的待处理任务管理系统而犯大量的错误。因此，作为 IT 部门的负责人，你想要使用一种全新的、容易使用的、结构良好的待处理任务管理软件。

虽然你的老板完全不支持这个主意（这种软件十分昂贵），但是在几次推荐、数不清的邮件和电话之后，他决定试一试——如果你能证明你的新软件降低了项目中产生的错误。

对这个机会感到轻松的你决定用数据去强调这个新待处理任务管理软件的效用。你要求 400 名员工参加一项小研究，他们被要求去完成一个项目工作——其中 200 名员工被要求使用旧软件工作，其他 200 名员工被允许使用新软件工作。你的目标是找出新软件的使用是否影响你研究的参与者所犯错误的数量。

在读过我们的书以后，你知道你能够用线性模型去估计人们犯的错误。幸运的是，结果能够清晰地表明新待处理任务管理软件能产生影响，它彻底地减少了人们犯的错误（组均值的差值很大）。你可能由此推断出新软件通过了测试，并且适合在全公司推广使用。但先等一下，谨慎是很有必要的。你要去推广你的结果。但是它经过证明了吗？最根本的问题是，这些结果是否仅是偶然发生的，或者说你是否能假设它们是真实的。因此，你需要找出是否有充足的证据去证明假设结果不只是"偶然""随机""意外"发生的（Miller，2017）。你也许坚持认为你获得的这些结果显然是"真实的"。你测量了人们所犯的错误的数量，发现新软件的使用确实有影响。所以，为什么我们不能假设这种情况总会发生？因为我们只在部分员工之间测验了软件类型和错误数量的关系。参与研究的员工只构成了一个公司里所有员工的子集。或者，更正式地说，你只是研究了一个样本（sample），并不是整个感兴趣的总体（population）。

总体的定义是我们在研究或试图做出推断的整组人群或事物（Griffiths，2008）。总体的定义既可以很广泛（比如，所有人类，一个国家或区域中所有的学生，所有的汽车，或者在一年之内播放的所有电视商业广告），也可以很狭隘（比如，一个非营利组织的所有捐赠人，一份报纸上发布的所有工作广告）。

样本是一个总体的（相对较小的）子集，你可以用它做出对总体自己的陈述（Field，2018；Griffiths，2008）。举几个上述总体的例子：来自20个不同国家的9 000个人，美国一所大学的300名学生，500辆车，一年时间里发布的3 000个平面广告，一个非营利组织的200个捐赠人或在3种当地报纸上发布的50条工作广告。

在我们的待处理任务管理系统的例子中，总体可能包含公司中所有用电脑工作的员工。而我们的样本只包括了相对较少的员工数量。

我们想知道的是我们能在多大程度上相信新软件确实影响了员工犯错误的数量。我们能假设我们发现的结果能够在样本之外应用吗？或者我们的研究是否只是产生了不常见的随机结果？

因此我们需要进行一种被称为假设检验的工作。

假设检验包含以下三个步骤：

1. 确定你想要检验的假设；

2. 检验并评估依据；

3. 做出决定。

第一步是要对我们期望的影响做出声明。这个声明也被称为假设

（Griffiths，2008）。

　　我们的假设是新软件的使用影响了员工犯错误的数量。假设新软件的使用有影响，这种假设被称为备择假设（有时也被称为实验假设）。备择假设缩写为 H1。用原假设（缩写为 H0）检验备择假设（H1）。原假设表示没有影响。因此，原假设会假设新软件的使用对员工犯错误的数量没有影响。H0 是基准，或者说是默认情况，我们通过与其相比来检测我们对备择假设有多大信心（见图 3 - 12）。只有当有充足证据时，我们才能拒绝原假设。

新软件的使用没有影响
员工犯错误的数量

新软件的使用影响了
员工犯错误的数量

**图 3 - 12　原假设（H0）与备择假设（H1）相反**

　　我们已经提出了备择假设（H1）和原假设（H0），现在需要一个测试来评估它们。这就是第二步。我们假设原假设（H0）是正确的，接下来看是否有足够的证据去拒绝原假设，接受备择假设（H1）。为了做到这一点，我们使用检验统计量。检验统计量是一种"信噪比"（Field，2018）。这是模型中的系统变异（也就是我们能够用员工使用新软件或旧软件工作这一事实来解释的影响）与模型中的非系统变异（也就是我们无法解释的影响）的比值。换句话说，检验统计量告诉我们一些与误差相关的影响。

## 公式：检验统计量

检验统计量＝信息/噪声＝系统变异/非系统变异

观察图 3-13。我们能够用员工使用不同软件工作这一事实解释组均值之间的差异，这是系统变异。然而，我们不能解释的是每个员工之间以及与各组均值之间的不同。比如，为什么在"旧软件组"的部分员工犯了10 个错误，然而其他员工只犯了 8 个错误？我们确实不知道。

通常，我们可以说我们想要一个大的检验统计量。这意味着信息多于噪声：系统变异（也就是我们能够解释的一切）多于非系统变异（也就是我们不能解释的一切）。比如，信噪比大于 1 意味着我们能解释的变异多于我们无法解释的变异。

计算检验统计量有很多种不同的方法（比如，$t$ 检验、卡方检验、$F$检验）。每种方法都基于一个可以告诉我们获得大于等于某个信噪比的概率的分布，它假设这些处理之间的差异只是偶然产生的（也就是假设原假设为真，实际上并没有影响）。获得一个低于原假设的特定信噪比值的可能性是 $p$ 值。它表现为 0 到 1 之间的一个数字。如果差异只是偶然产生的，$p$ 值越低，那么我们获得一个这么大的效应量并能够解释数据中这么多变异的可能性就越小。检验统计量的大小和 $p$ 值呈负相关：检验统计量越大，$p$ 值越小。在数据中我们能解释的变异越多（表现为大的检验统计量），假设这些差异只是偶然发生的证据越少（表现为小的 $p$ 值）。

在我们的软件研究中，我们获得了一个很大的信噪比。这意味着员工犯错误的数量可以主要由他们使用的是旧软件还是新软件来解释。这也从值为 0.01 的很小的 $p$ 值中反映出来。$p$ 值的含义是什么？假设旧软件与新软件的使用不影响员工犯错误的数量（也就是原假设成立），我们有0.1% 的机会获得一个与当前信噪比一样大的值。

因为它极不可能发生，所以 $p$ 值提供了反对原假设的有力证据。因此我们拒绝原假设（也就是软件类型对员工犯错误的数量没有影响）。

你是否仍然有些疑惑？别担心，图 3-14 阐明了检验统计量的大小与

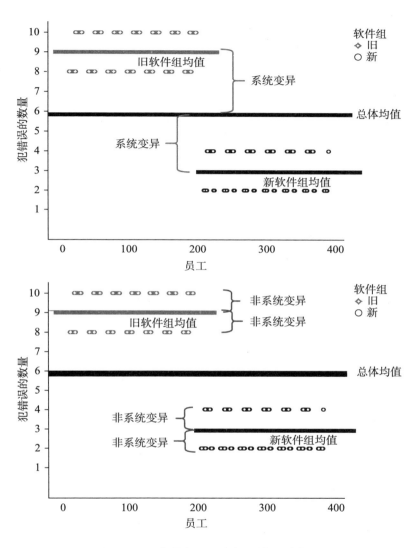

图 3-13 信噪比：系统变异/非系统变异

$p$ 值之间的负相关关系。

那么拒绝原假设的阈值是什么？我们什么时候才算拥有了支持备择假设的充足证据？这就是我们在第三步中要处理的（做出决定）。你需要提

| 检验统计量 | $p$ 值 | $p$ 值能够告诉我们什么? |
|---|---|---|
| ↑ 检验统计量 = $\dfrac{信息}{噪声}$ | $p$ 值 ↓ | 假设差异是偶然产生的(H0),我们不可能获得一个至少这么大的检验统计量 →表明实际上存在影响(H1) |
| ↓ 检验统计量 = $\dfrac{信息}{噪声}$ | $p$ 值 ↑ | 假设差异是偶然产生的(H0),我们可能获得一个至少这么大的检验统计量 →表明实际上不存在影响(H0) |

**图 3 - 14  检验统计量和 $p$ 值之间的负相关关系**

前为拒绝原假设所需要的 $p$ 值多小设定一个分界点(见图 3 - 15)。这个分界点也被称作显著性水平。显著性水平决定了我们必须有多大的信心相信一个影响不只是偶然发生的。各个学科广泛接受的习惯是选择 0.05 的显著性水平。这说明当我们认为一个影响存在时,我们接受 5% 的风险实际上它并不存在。如果我们获得一个等于或小于显著性水平的 $p$ 值,我们就有了对备择假设的有力支持并拒绝原假设。如果 $p$ 值大于显著性水平,我们就不能拒绝原假设(Field,2018)。

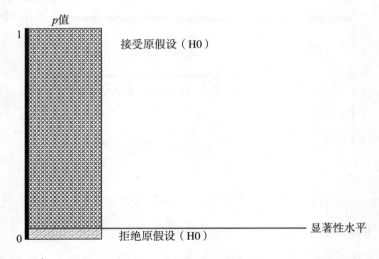

**图 3 - 15  显著性水平及其含义**

所以，在上述例子中我们得出了结论，用新软件的员工在犯错误的数量上有"显著的"差异。但要记住尽管对于软件类型能够影响错误数量这一点有充足证据，但我们永远不能完全确定。因为我们选择备择假设是基于拒绝原假设时犯错的概率，所以不能保证绝对正确。尽管似乎我们犯错误的概率很小，但仍然存在不正确的可能性。

## 显著效应和重要效应之间的区别

有个经常提出的普遍谬论，那就是混淆显著效应（也就是不随机的效应）和重要效应（也就是有意义的效应）。"显著"只意味着我们在数据中找到足够多的证据来推断出一个效应可能真实存在。但是，问题在于这个效应是否也有意义。在讨论有意义的效应时，我们参考的是效应量。效应量提供了（绝对的且标准化的）对效应重要性的度量方法（Field，2018）。

效应量要么体现组之间的不同，要么体现连续变量之间关系的强弱。最常用的效应量的度量是：科恩 D 值（Cohen's d）（两个组均值之间的差值）、埃塔平方（eta squared）（与不同组的成员相关的结果中变量所占比例）、比值比（odds ratio）（一个事件在一组中发生的概率与另一组的比值）和皮尔逊相关系数（Pearson's correlation coefficient）（两个连续变量之间关系的强度与方向）（Field，2018）。你不需要知道它们是如何计算的，重要的是你要知道效应量体现了效应的重要性。请注意，皮尔逊相关系数也被用作一种效应量的度量，因为它表现了两个变量之间关系的强弱。记住，皮尔逊相关系数显示关系的强度与方向，但不在预测变量和结果变量之间进行区分。这意味着，严谨地说，它不会告诉你一件事是否会引发另一件事。然而，相关系数常被以一种认为它能够反映因果关系各个方面的方式使用。

让我们用一个例子来阐明 $p$ 值和效应量之间的差异。想象你是一家巧克力工厂的首席执行官，你想要评估你是否应该用巧克力棒 A 替换巧克力棒 B。基于你的团队分析的实验性研究，你发现受试者喜欢巧克力棒 A 的水平显著高于巧克力棒 B。$p$ 值低于惯例的 0.05 标准，表明你可以很有信心地假设差异不是偶然产生的。$p$ 值告诉你可以对假设顾客——在你实验之外的——喜欢巧克力棒 A 超过巧克力棒 B 有多少信心。然而，$p$ 值不能表明的是这个效应有多大。这就是要用到效应量的地方了。通过使用一种效应量的度量，你能推断出更喜欢巧克力棒 A 的程度是稍微还是中等，抑或是显著高于巧克力棒 B。那么你为什么想要知道这一点呢？因为 $p$ 值回答的是"是否真的存在差异"，但效应量告诉你"差异有多大"。如果两种巧克力棒之间的差异很小，你或许要重新思考一下用一种巧克力棒替换另一种是否真的值得，尽管效应是显著的。

## 数据对话（续）

　　伊莱恩很震惊。一个多于 4 000 名受试者参加的调查的结果表明，受试者喜欢竞争对手的饮料显著超过她公司的能量饮料。芭芭拉，她的同事，浏览了伊莱恩刚刚打印出的结果说："啊，确实，这个显著的结果表明顾客更喜欢其他的饮料。但这可能不是全部。这个影响有多大？"伊莱恩以前听说过效应量，然而，她并没有计算。她快速查阅了她的统计学书籍并发现埃塔平方对于她的数据来说是一种合适的效应量度量。她获得了 0.01 的埃塔平方值，一种小而可以忽略的效应。"那么，根据这个小的效应量，我们应该怎么解释这些结果？"伊莱恩问。"首先，极小的效应量表明两种能量饮料之间的差异并不是很有意义，可以安心。"芭芭拉解释道。她也指出了伊莱恩之前所不知道的 $p$ 值的重要方面。$p$ 值与样本量相关。样本量影响差异是否显著。在大量样本中，即使很小的可以忽略的效应也可以很显著。然而，在小样本中，即使是很大的效应也可以不显著。芭芭拉补充说，这项调查中的大样本（也就是 4 000 名受试者）使得受试者对两种能量饮料的喜好之间的细微差异变得十分显著。"太感谢了，芭芭拉。"伊莱恩说。尽管研究的结果与伊莱恩所希望的并不一样，但是她现在能够以一种更加细致的方式看待这些结果。同时考虑 $p$ 值和效应量都助她获得了更丰富的信息，并且没有陷入焦虑。

现在，你应该已经学会了如何从你的数据中做出推断，并且将统计学上显著的结果和现实中有意义的结果分开。然而，现在还有一个方面我们没有接触过：根据你收集的数据如何保证你的结论是有效的。这是研究设计的问题。研究设计是为了回答你的研究问题（比如，顾客是更喜欢巧克力棒 A 还是巧克力棒 B?）设计的方案。不合理的研究设计可能会付出高昂的代价，因为它可能会迅速破坏你从数据中得到的结论，使其无效。

为了使你的研究值得一做，需要考虑两个关键方面的问题。

1. 你想要对什么做出推断？你的样本是否代表了你想要推广的结论的更大的组？

当你的样本（或多或少）反映了想要研究的总体的核心特点时，它就具有代表性。这种核心特点的常见例子包括性别、年龄、受教育程度、社会经济地位、婚姻状况、工作职位和购物行为。无法说明样本代表性是不利的，因为它可能会导致你的分析结果被错误地属性化。举个例子，想象你要将你的发现推广到公司里的所有员工，但你的样本只包括中层管理人员。严谨地说，你的抽样方法不允许你对超出中层管理人员范围的人群做出推断。但你如何保证样本代表性呢？通过使用概率抽样方法。概率抽样方法即使用随机选择，这意味着从感兴趣的总体中随机抽取对象（比如人），每个对象都有相等的概率被抽取到。让我们再次使用软件的例子。随机抽样的意思是每个员工都有相同的机会参与到研究中来。然而，使用随机抽样假设并不是永远可行的，因为它花费时间，也可能价格高昂，或者因为你没有一个能够全面反映你的总体中所有个体的列表。注意，如果所有个体都应该有相等的机会被选择，你需要提前知道谁属于你感兴趣的总体。我们可以想到，在很多例子中这个列表没有给出或很难找到（例如，当你感兴趣的总体是欧洲的单亲父母或南美洲的车主）。因此，另一个选择是使用非概率抽样方法。这是一种并非所有个体都有相等的概率被选择的抽样方法。常见的非概率抽样方法包括方便抽样（也就是选择刚好最容易接近的个体，比如学生或你的非营利组织的成员）、自愿回应抽样

（也就是人们自愿参加你的研究，比如通过回答消费者反馈调查）或雪球抽样（也就是你通过其他人招募受试者）。非概率抽样方法通常更为简单、便宜和可行，但也伴随着代表性的降低，你对感兴趣的总体所做出的概括更弱（或更有问题），你的推断可能更加局限。然而，你仍然要试着尽可能使它更具有代表性。

一个代表性的常见误解是，它意味着样本中的对象数量。我们有时会听分析师或顾问讨论有代表性的样本，意思是大样本。当心，只是因为有100个或500个人参与到研究中，并不一定意味着样本能够代表你要做出推断的更广泛的群体。因此，当有人说"有代表性的样本"时，一定要求对方做出解释。

2. 哪些方面可能歪曲或混淆你的推断？

我们用于解释假设检验的例子（也就是软件研究和巧克力棒研究）都基于实验研究设计。实验研究设计的目的是建立因果关系。比如，在软件的例子中，我们想要找出使用旧软件还是新软件是否影响员工犯错误的数量。在实验研究中，至少要比较两个组的实验结果（比如，员工犯错误的数量）。在最简单的情况下，一个组进行处理（实验组），同时另一个组不进行处理（对照组）。有时你没有对照组，但有很多实验组（比如，一个组的受试者吃巧克力棒 A，另一个组吃巧克力棒 B）。尽管在商业环境中实验研究极受欢迎，但在进行这些研究时仍然要保证谨慎，因为有几个方面可能会使你的发现无效。

最基本的方面之一是对样本中的受试者进行分组的方式。在一个真实的实验中，人们被随机分配到不同处理的组中。举个例子，在这种情况下，400 名参与到你的软件研究中的人被随机分入旧软件组或新软件组中。然而，如果你自己决定谁在新软件组中，谁在旧软件组中，或者你将整个团队放入其中一个组，那么这就会是准实验设计。与真正的实验设计相比，准实验设计有相当大的缺陷。缺少随机分组会潜在导致组之间的系统差异。想象一下你分析了软件研究的结果并要求销售部门的人使用旧软件工作，IT 部门的人使用新软件工作。假设你的发现在人们使用各种软件工作时所犯的错误上表现出显著并有意义的差异。问题在于你无法排除这些差异是因为先前存在的 IT 技术而不是软件本身的可能性。在准实验设计中，有很多更进一步的方面可能导致组之间的系统差异（比如，选择历史威胁，意思是实验组被外部或历史事件影响且有所不同）。

当有事件扰乱自变量（比如软件）和因变量（比如错误数量）的关系时，我们就在处理混淆变量。混淆变量，也叫混杂变量，是与因变量和自变量都有关系的因素。拿上面提到的销售部门和 IT 部门的人举例子。有可能新软件组中的人比旧软件组的人 IT 水平更高，使用软件时有更高 IT 水平的人通常犯错误也更少。IT 技术可能是个混淆变量（见图 3-16）。结果看起来说明新软件减少了错误数量，但这可能是不正确的。由于混淆变量会导致混合而歪曲的效应，因此结果无法反映自变量和因变量之间的真实关系。然而，混淆变量的麻烦在于，它们不总是显然或已知的。随机分组是一个控制混淆变量的常用策略，它允许混淆变量在整个样本都产生影响。因此，应尽可能使用真正的实验设计而不是准实验设计。

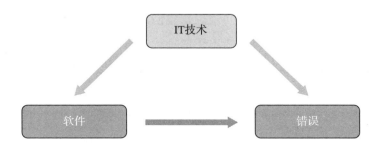

图 3-16　混淆变量示例

随机化是一种在数据收集之前极小化混淆变量影响的方法。然而，如果你已经收集完了数据（并使用了准实验或调查设计），你可以使用统计学方法去控制潜在的混杂变量。在这一点上，线性模型能够帮助你。尤其它能够检测去除混淆变量解释的方差后，某个预测变量是否对结果有影响。这能让你观察到预测变量对结果的"净效应"。

总的来说，基于你收集的数据，你如何评估你的结论是否有效？第一步，问问你自己（或你的分析师）你的样本允许你在何种程度上对感兴趣的总体做出推断。第二步，思考潜在的混淆变量以及你成功把它们的影响控制到了什么程度。

# 关键要点

有时我们都想要更多：更多的钱、更多的权力或者更多的快乐。而且，在分析数据时，我们有时也努力获得更多，也就是可推广的见解。描述我们获得的数据是有帮助的。但在通常情况下，我们希望超越我们的数据并从这些数据中进行推断。举个例子，我们可能想要对所有的志愿者的情况做出陈述，而不只是那些参与到调查中的志愿者。或者，我们可能想要把我们研究中的千禧一代的购物行为模式推广到我国所有的千禧一代。超越我们的数据意味着我们要做出推广的陈述。如果我们能推断出在什么情况下志愿者在组织中待的时间最长，我们就可以有依据地调整志愿者管理模式。或者，如果我们能推断出千禧一代更喜欢的产品，我们就可以更集中地促销这些产品（Field，2018）。但从数据获得到推广是个困难的尝试。下面的几个问题可以在这方面帮助你。

1. 观察散点图。你的数据是否呈现线性上升或下降的模式？如果是这种情况，就计算变量之间的相关性。如果发现变量之间呈线性关系，你就可以用一般线性模型进行预测（也就是用一个变量来预测另一个变量）。

2. 检查变量的测量水平。结果变量是连续的吗？预测变量是连续的吗？（如果结果变量和预测变量是连续的，使用回归；如果结果变量是连续的，但预测变量是分类的，比较均值。）

3. 你的（备择）假设是什么？相应的原假设呢？你定义什么阈值来拒绝零假设（显著性水平）？

4. 有没有显著效应？如果有，它是否有意义？

5. 样本是否能代表你要推广结论的更广泛的组（总体）？

6. 你是否通过研究设计（比如，使用随机分组的真实实验）或统计学方法考虑到潜在的混淆因子？

# 陷　阱

## 分析陷阱

- 把相关性（也就是两个变量之间的数学关系："$X$ 增加，$Y$ 也增加"或 "$X$ 增加，$Y$ 减少"）和因果关系（也就是一个事件导致另一个事件）混淆。

- 不看散点图，并把两个变量之间的关系分类为线性关系，然而实际上它们是曲线关系或指数关系。

- 选择不适合变量测量水平的相关系数（比如，在应该使用克莱姆相关系数时却计算了斯皮尔曼等级相关系数）。

- 在观测值范围之外做出预测（比如，基于广告费来预测捐款金额，这在你收集的数据范围之外）。

- 尽管截距没有意义但仍然进行解释（举个例子，接近 $x=0$ 处没有数据，比如身高：人类不能为 0 或 2 厘米高）。

- 当在回归模型中使用了几个预测变量时比较 $b$ 值而非 $\beta$ 值。

- 将从样本中总结的发现（比如一个非营利组织的成员的随机样本）推广到总体（比如该非营利组织的全部人员）时，没有做假设检验和检查效应是否只是因为巧合发生或是不是真实的。

- 从一个不具有代表性的样本得出发现并推广到感兴趣的总体。

- 不了解你的样本或数据收集的方式。

- 没有控制混淆变量的影响。

## 交流陷阱

- 忽略了人们的数据专业知识水平，并假设所有人都和你知道的一样多。

- 用行业术语彰显你的数据专业知识。

- 没能解释你分析的关键方面以及由此产生的作用（做了什么和我们能从中学到什么？这是怎么做到的？为什么要这么做？是谁做的？什么时候做的？在哪里做的?)。

- 像比较两双不同的鞋一样讨论回归分析（连续预测变量和连续结果变量）和 ANOVA（方差分析；分类预测变量和连续结果变量）。回归分析和 ANOVA 是同一件事，因为它们都基于同一个方程（$y = a + bx$）。

- 当你想说重要效应（也就是有意义的效应）时说成显著效应（也就是非随机效应），反之亦然。

- 当你想说大样本时说成了具有代表性的样本。

- 当讨论统计学时使用了行业术语而非直截了当的语言（见表 3-3）。

表 3-3　在讨论统计数据时要注意的事项

| 不要使用行业术语 | 要使用直截了当的语言 |
| --- | --- |
| 单变量数据和双变量数据 | 你看一件事情与你看两件事之间的联系 |
| 相关性 | 事件之间的数学关系 |
| 正相关线性关系 | 数据表现出上升趋势。两个事件之间的关系可以被描述为："$X$ 越多，$Y$ 越多"或"当 $X$ 增加时，$Y$ 也增加" |
| 负相关线性关系 | 数据表现出下降趋势。两个事件之间的关系可以被描述为："$X$ 越多，$Y$ 越少"或"当 $X$ 增加时，$Y$ 减少" |
| 相关系数的方向 | 告诉你数据呈现上升还是下降趋势。这由系数的符号表示（正号或负号） |

续表

| 不要使用行业术语 | 要使用直截了当的语言 |
| --- | --- |
| 相关系数的强度 | 告诉你事件联系有多紧密或松散。这由系数大小表示。系数越接近＋1 或−1，联系越紧密 |
| 做出预测 | 你用一个事件去预测另一个事件中的变化。简单来说，预测帮助你明白"一件事如何影响另一件事" |
| 回归分析 | 你使用线性方程来研究一件事如何影响另一件事 |
| 回归线/最佳拟合线 | 尽可能符合数据的线 |
| 斜率（b） | 表示回归线有多陡峭。斜率告诉你当预测变量增加一个单位时，你可以期望结果变化多少 |
| 截距（a） | 表示回归线与 y 轴相交的位置。这告诉你当预测变量是 0 时结果的数量（比如，当我们不在广告上花钱时，我们期望得到多少捐款） |
| 误差 | 你收集到的数据和你估计的（或预测的）值之间的差异 |
| 总体 | 你想要做出推断的人或事物的整个组（比如，一个国家中的汽车司机、美国公司中小于 40 岁的员工） |
| 样本 | 你感兴趣的人或事物的整个组的一个（相对来说）小的集合 |
| 备择假设（H1） | 做出存在影响的陈述 |
| 原假设（H0） | 做出没有影响的陈述 |
| p 值 | 表示假设结果只是偶然产生的可能性 |
| 显著性水平 | 决定了我们对一个效应不是偶然产生的信心有多大。各个学科广泛接受的惯例是 0.05 的显著性水平。这说明我们接受 5% 的风险来判定某种效应的存在，而实际上它并不存在 |
| 效应量 | 提供对效应重要性的度量。这种度量可以告诉你效应多大或多有意义 |
| 有代表性的样本 | 当一个样本能够反映感兴趣的更大总体的核心特征时，这个样本就是有代表性的 |

续表

| 不要使用行业术语 | 要使用直截了当的语言 |
| --- | --- |
| 随机分配/随机化 | 随机分配是"真正的实验"的核心特征。这意味着研究参与者（也就是在样本中的这些人）是随机分配到实验组中的 |
| 混淆变量 | 混淆其他两个事物之间关系的事物（比如，软件和错误数量） |

# 更多资源

一种生成双变量数据的散点图的在线工具：

https：//mathcracker. com/scatter_plot。

一个关于统计重要性概念的信息丰富、易于理解的文本：

https：//hbr. org/2016/02/a-refresher-on-statistical-significance。

一个关于统计学上显著的和有意义的效应之间差异的有趣视频：

https：//www. youtube. com/watch？ V＝oGgsKmi_lyA。

# 理解复杂的关系：询问时间和原因

## 你将学到什么？

我们生活在一个日益复杂和多面的世界中。为了成功应对现代商业挑战，我们需要充分理解并把握事物之间的复杂关系。本章讨论复杂关系，即一件事影响另外两件事之间的关系（调节）或两件事之间的关系由另一件事解释（中介）。我们将用实际的例子来说明为什么管理者和专家会从调节分析和中介分析中获益。

### 数据对话

这是肯尼和詹姆斯第一次有机会向同事证明他们的沟通能力。10个月前，肯尼和詹姆斯以实习生的身份加入了这家非营利组织，从那时起，他们就一直对自己的工作充满热情。没过多久，传播主管就委托他们为组织的网站开发一个品牌形象。为此，肯尼和詹姆斯进行了广泛的文献研究，并得出结论：视觉图像在在线交流中发挥着至关重要的作用。先前的研究一致表明，情感图像（即图片中显示着快乐的人或者悲伤的人）会吸引用户的注意力，提高他们对网络内容的参与度。

　　"但是，使用快乐的图像或是悲伤的图像会有区别吗？"肯尼问他的同事。这个问题变成了一场冗长的讨论，最终没有得到明确的答案。然而，他们都很好奇，到底是快乐的图像还是悲伤的图像更能留住用户。因此，他们建立了两个版本的网站，一个只有快乐的图像，另一个只有悲伤的图像。随后，他们邀请了 80 个人访问该网站，并随机给他们分配快乐或悲伤的图像版本。所有参与者都必须填写一份调查问卷，之后的分析表明，图像类型对网站访问时长没有实质性影响（见图 4-1）。肯尼认为："研究结果表明，我们可以在网站上同时使用快乐和悲伤的图像。"但偶然间，他记起问卷中还记录了参与者是不是非营利组织的会员。那么参与者的会员身份是否会影响他们对悲伤或快乐图像的反应呢？

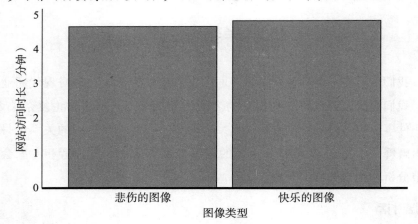

**图 4-1　图像类型（悲伤与快乐）对用户访问网站时长的影响**

　　让我们快乐的往往是生活中一些简单的事情：散步、欣赏日落或与我们所爱的人共度时光。尽管这些简单的事情令人愉快，但世界往往是相当复杂的。很多事情都是相互依存的。例如，随着年龄的增长，我们变得慷慨的程度可能取决于我们的社会经济地位。有时一件事的效果可以用另一件事来解释：我们得到的反馈越好，我们可能感受到的快乐越多。这可能是由于良好的反馈增加了我们的自尊，进而转化为更多的快乐。

　　幸运的是，统计数据允许我们检查这些复杂的关系（Field，2018）。当我们想要找出一件事（例如，社会经济地位）在多大程度上影响其他两件事（例如，年龄和慷慨程度）之间的关系时，我们可以使用调节分析。当我们试图理解两件事（如反馈和幸福）之间的关系在多大程度上可以被另一件事（如自尊）解释时，我们可以使用中介分析。用更专业的术语来说，调节分析和中介分析都能探究第三个变量如何影响原有关系，这让我们能更好地理解自变量和因变量之间的关系（见图 4-2）。

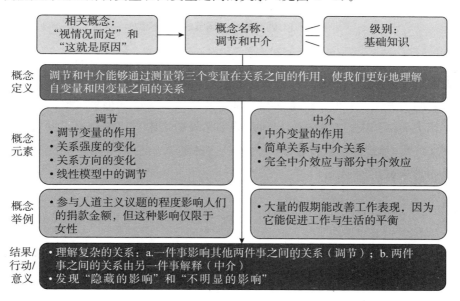

**图 4-2　调节和中介的概念及其组成部分**

　　当我们进行调节分析（见图 4-3）时，我们对交互效应感兴趣（Field，2018）。我们想要找出一个变量能在多大程度上影响自变量和因变量的关系强度或方向（Fritz and Arthur，2017）。调节变量为什么至关重要，主要有如下几个原因：首先，它允许我们对世界有更微妙的理解。调节分析是一种基于数据表达"视情况而定"的方式；其次，有些影响是

"隐藏的",只有考虑到调节变量的影响时,它们才会显现出来。如果不考虑调节变量,那么有可能会错误地得出没有影响的结论,这可能会对结果的一致性和鲁棒性产生不利影响。

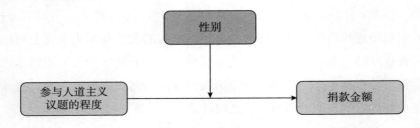

图 4-3  调节关系(调节的概念模型)

让我们用一个例子来说明这一点(见图 4-4)。假设我们收集数据是为了更好地理解人们参与人道主义议题(比如抗击非洲饥荒)与其捐款金额之间的关系。我们分析了这些数据,并指出参与度和捐款金额之间存在正相关关系:人们越多地参与到人道主义议题之中(比如有家人朋友在受灾地区),他们的捐款就越多。此外,这种关系似乎并不是强相关(回归线非常平坦)。

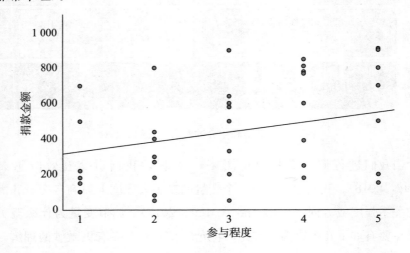

图 4-4  参与程度和捐款金额之间的联系

假设我们还收集了人们的性别数据，我们可以将他们分为女性或男性参与者。然后进行同样的分析，但将性别作为（分类）调节变量，我们会看到参与程度和捐款金额之间的关系和人们的性别有关（见图 4 - 5）。对于男性来说，参与程度和捐款金额之间没有关联（因为在我们虚构的例子中，这条线几乎完全是水平的），而对于女性来说，两者之间有很强的正相关关系。随着女性在人道主义议题中参与程度的加深，她们的捐款金额也在增加（虚线相当陡峭）。

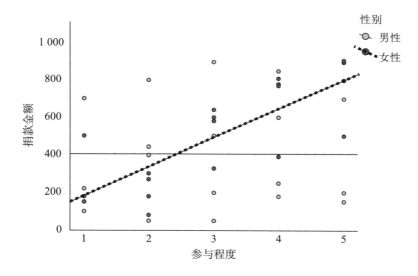

图 4 - 5　参与程度和捐款金额之间的联系，区分男性和女性（即性别＝调节变量）

上述是一个影响自变量和因变量关系强度的调节变量的例子。在下面的数据对话中，你可以看到如果一个调节变量改变了自变量和因变量之间的关系方向将意味着什么。

**数据对话（续）**

肯尼和詹姆斯的实验中出现了一件有趣的事情。研究结果表明，人们的会员身份（会员与非会员）会影响他们对悲伤或快乐图像的反应。数据显示，当参与者被分配到只有悲伤图像的网站版本时，会员在网站上花费的时间要多得多。相比之下，当被引导到只有快乐图像的版本时，非会员在网站上停留的时间明显更长（见图4-6）。詹姆斯说："这很有趣，可能有实际意义。"结果表明，我们可以在针对会员的子页面上使用悲伤的图像，而在针对非会员的子页面上使用快乐的图像。

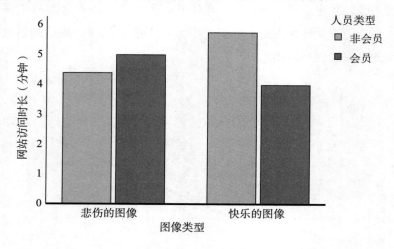

**图4-6　图像类型（悲伤与快乐）和会员状态**
**（非会员与会员）对用户网站访问时长的影响**

尽管他们必须用更多的数据来验证研究结果，但考虑到会员身份的潜在影响——一个调节变量，能够帮助肯尼和詹姆斯开发一种更复杂的沟通模式。当一天结束的时候，两个人虽然很累，但内心非常满足。他们期待着第二天向传播主管提出他们的传播策略。

前面的示例展示了两种第三个变量影响其他两个变量之间关系的方式。在捐赠的例子中，性别（调节变量）影响参与程度和捐款金额之间的关系强度，这对女性有影响，但对男性没有影响。在网站的例子中，会员身份（调节变量）颠覆了整个解释，例如，悲伤的图像对会员有积极影响，但对非会员的影响完全相反。

但是，调节分析如何融入一般的线性模型中呢？正如我们之前所看到的，我们可以在线性模型中添加预测变量。为了测试调节效应，我们添加了两个预测变量，然后添加第三项代表两个预测变量的交互作用。交互作用可以通过两个预测变量相乘来计算。该模型如下所示：

**公式：调节**

$$y_i = (a + b_1 x_{1i} + b_2 x_{2i} + b_3 x_{1i} \times x_{2i}) + \varepsilon_i$$

式中，$y$ 是结果值，$a$ 表示截距，$b_1$ 是第一个预测变量的斜率，$b_2$ 是第二个预测变量的斜率，$x_{1i}$ 是第一个预测变量的第 $i$ 个值，$x_{2i}$ 是第二个预测变量的第 $i$ 个值，$\varepsilon_i$ 是误差项。

相比之下，中介是指预测变量和结果变量之间的关系可以由第三个变量——中介变量来解释（Field，2018）。中介变量解释了预测变量和结果变量之间关系存在的原因。中介分析基本上可以让你明白"这就是原因"。这种分析很重要，因为它们有助于揭示预测变量影响结果变量的过程和机制（Agler and De Boeck，2017；Rucker et al.，2011）。这样一来，中介分析能够让你在更深层次上了解你的员工、客户或政治盟友的行为和态度。你越是了解你的利益相关者，你就越能适应他们的需求，越能成功获得他们的支持。

下面的例子解释了中介的概念。假设你的人力资源团队发现员工休假的次数与他们的工作表现呈正相关。员工的假期数量越多，他们的工作表现就越好（见图 4-7）。当然，你可能想知道为什么会存在这种积极的关系。假期的数量可能对工作表现有积极的影响，因为员工认为他们工作和生活之间的平衡非常好。图 4-8 介绍了中介模型。该模型表明，假期的数量和工作表现之间良好的关系是通过增加工作与生活的平衡来实现的。

**图 4-7　预测变量和结果变量之间的简单关系**

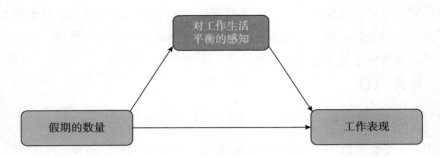

图 4-8  中介关系（中介的概念模型）

但是，我们如何确定一个变量——中介变量——是否解释了另外两个变量之间的关系呢？根据 Baron and Kenny（1986）的描述，可以通过三步来识别中介。首先，检测预测变量和结果变量之间是否存在显著关系（例如，假期数量和工作表现）。其次，预测变量和中介变量之间必须存在显著的关系。这意味着假期的数量一定会极大地影响人们对工作生活的感知。最后，中介变量和结果变量之间必须有显著的关系（即对工作生活平衡的感知必须显著影响工作表现）。

当中介变量进入分析后，预测变量和结果变量之间不再出现显著关系时，这种情况被称为完全中介（或全部中介）。在我们的例子中，这意味着对工作生活平衡的感知完全解释了假期数量对工作表现的影响。

部分中介表现为，在加入中介变量后，预测变量对结果变量的影响减少了，但仍然是显著的。部分中介可以看作是一种迹象，表明可能存在更多的中介变量。在我们的例子中，部分中介意味着感知到的工作生活平衡并不是解释假期数量与工作表现之间关系的唯一机制，我们可能要在分析中加入额外的中介变量（例如，我们有理由认为，假期数量和工作表现之间的关系也可以用幸福感来解释，比如人们的假期越多，他们就越幸福，因此，他们的工作表现就越好）。

## 怎么说

### 保持精简——但不要以牺牲清晰度为代价

我们经常发现自己处于不得不简化和省略细节的境况当中，这可能是因为我们陈述的时间有限，或者书面报告的空间有限。这样的约束能够迫使你专注于真正重要的事情。但是，也可能诱使你删除文中的可视化内容，这些可视化内容对他人彻底理解你的数据分析或你的发现结果来说至关重要。你可能会觉得在你的报告中展示某些图表要花费太多的时间，或者占用太多的篇幅，所以最好删掉它们。但是请谨慎地删除可视化内容，特别是在报告复杂关系时。调节和中介是抽象的术语，如果没有恰当的解释，你的听众很可能会迷失。如果发生这种情况，你很难吸引他们的注意力，更不用说让他们理解你的信息了。为了避免使听众困惑和不感兴趣，展示调节和中介分析背后的概念模型通常很有帮助。概念模型为你在分析中涉及的变量提供了一个一目了然的总结，并将它们之间的关系可视化。这意味着，概念模型可以让你的听众立即了解什么是预测变量、调节变量、中介变量和结果变量。你可以在图 4-3（调节的概念模型）和图 4-8（中介的概念模型）中找到概念模型的例子。

此外，如果你打算删除一部分可视化内容，问问自己：这部分可视化内容的价值是什么？这种可视化能在多大程度上帮助我的听众理解我所研究的关系？或者，它在多大程度上增强了人们对我的发现的理解？如果我省略了这部分可视化内容会发生什么？我能用文字说明来达到同样的效果吗？

如果你发现文字不能代替可视化的好处，那就保留它。你也可以咨询两位同事（具有相似的数据素养水平）的意见：一个收到带有可视化图表的版本，另一个收到的是纯文本的版本。询问他们对你的研究的理解，以及带有可视化图表的版本是否促进了他们更好地理解和记住你的发现。

# 关键要点

成功地驾驭我们所生活的复杂世界需要我们理解在哪些条件下会产生某些影响（调节），以及驱动这些影响的关键机制是什么（中介）。因此，对于每一个在做数据分析的人来说，调节和中介的概念都是"必须知道的"。在处理调节或中介分析时，你可能会发现以下几个问题很有帮助。

1. 你是否有理由假设预测变量和结果变量之间关系的强度或方向受到第三个变量（即调节变量）的影响？ ▶调节分析

2. 如果你发现预测变量和结果变量之间没有关系：假设是否存在"隐藏效应"——关系间的影响是否取决于第三个变量（即调节变量）？ ▶调节分析

3. 你是否有理由预期预测变量和结果变量之间的关系是通过另一个变量（即中介变量）来实现的？ ▶中介分析

# 陷　阱

## 分析陷阱

- 忽视"隐藏效应"：错误地认为没有影响，而实际上有一个调节变量影响了两件事之间的关系。
- 对你的目标变量使用相同的策略或方法，没有意识到一些变量对另一种策略或方法更敏感（即没有考虑中介变量）。
- 在不了解基本解释机制和过程的情况下，陈述两件事情之间的关系（即没有考虑和纳入中介变量）。

## 沟通陷阱

- 提到调节变量或中介变量，却没有解释这些概念的含义以及调节变量或中介变量的作用。

- 删除那些能极大地帮助你的听众理解你的数据分析和发现结果的可视化内容。

# 更多资源

关于调节变量和中介变量之间的区别，请看以下视频：

https://www. youtube. com/watch?v＝WZr1jlKi_s0。

想要直观地了解调节效应，请到下面这个网站下载（免费）统计工具包：

http：//statwiki. gaskination. com/index. php?title＝Main_Page。

第 5 章/*Chapter Five*

# 细分世界：差异造就不同

## 你将学到什么？

在本章中，你将会看到一个叫作聚类分析的统计程序（statistical procedure）是如何基于（可量化的）相似性帮助我们将人员、产品或其他事物进行分组的。这可以让你想出更有针对性的营销策略，或者帮助你将可能需要类似培训的员工进行分组。聚类分析是应用最广泛的无监督机器学习技术之一，这意味着不需要事先输入训练数据使它正确完成工作。你可以用它来自动分析邮件、照片、书籍、社交媒体上的帖子或者顾客调查。聚类分析可以依据数据的大小、类型、结构分为不同的类型。然而，所有的这些方法都有某种优点和缺点。因此，对聚类分析有一个基本的理解对于更明智地使用分析结果十分有帮助（因为它们可能会有很大的差异。）

正如唯一一位获得过诺贝尔经济学奖的管理学学者赫伯特·西蒙（Herbert Simon）所说："理解任何一组现象的第一步是了解这组现象中有哪些种类的东西——制定一个分类法。"但是我们应当如何开发一种分类方法呢？而且，我们为什么需要一种分类方法呢？

在本章中我们将主要了解如何开发一种分类方法，即聚类分析——谷歌和亚马逊用来整理数据并为用户提供建议的方法。聚类分析是一种迭代算法，它依据项目中任意给定特征的相似性对其进行分组（见图 5-1）。

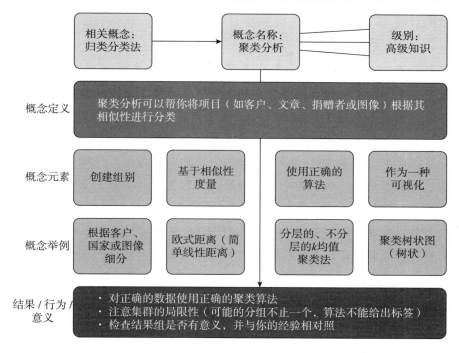

**图 5-1 理解聚类分析的关键概念**

下面的数据对话将会清楚地解释为什么我们需要一种分类方法。当我们有太多要求需要被满足时，我们就需要一种分类法（一种经过定量计算的分类）（Bailey，1994）。在下面的例子中，相比适应 30 000 名单独的客户，我们能更容易调整邮件信息以适应 12 组不同的客户。聚类分析的典型商业应用是市场分类，即通过个人购买力、价值观、年龄、文化背景和过去支出（仅列举一些可能）对人们进行分组。另一个应用是基于风险的分类法，在这种分类法中你将基于消费者的个人信用历史等特征对其进行分组。聚类分析也被应用于人力资源、运营、保险、项目管理（对相似的项目进行聚类分析）、房地产领域（找到相似的房子）以及城市规划等情境。在这些情境中，这种方法的力量能够帮助我们将人、问题、项目、事故、地点、房屋甚至是地区根据其主要特征区分为有意义的组。

## 数据对话

乔希的组织在过去 3 年中得到了巨大的发展。乔希是一家以慈善为导向的电子商务网站的创始人兼首席执行官。他的网站现在有超过 30 000 名的客户，他们在网站上订购的物品从环保咖啡杯到毛毯，种类繁多。考虑到假期即将到来，乔希想知道他应当如何与客户进行沟通，因为他的客户在年龄、消费、居住国家和产品偏好上涵盖范围很广。为了了解他目前的客户群，他要求他的分析员露丝想出一种细分客户的方法。依据客户的特点和迄今为止的购买行为进行分类将十分有意义，然后营销和销售团队可以利用这些信息为每个细分客户群定制圣诞信息。

露丝对这一任务感到很兴奋，并告诉乔希她将对他们的内部客户数据库进行聚类分析。乔希很高兴有一种方法能够满足他的要求，并对结果寄予厚望。

然而，当露丝向乔希展示她的结果时，他并不满意：露丝向他展示了 12 组不同的客户群，但却无法找出一个因素能够区别每个客户群。她甚至看起来并不确定她提出的分组是不是正确的市场细分。因此，乔希决定他应该进行更深入的调查，并在下一次会议上问露丝她是如何划分这些客户群，以及聚类分析的结果是否可以有不同的解释。

然而，他认为在面对露丝之前，他应该首先对聚类分析有一个更好的理解。在他们第一次的讨论中，露丝抛出了很多专业术语。他不知道为什么她会提起树状图和一个古老的希腊几何学家（欧几里得）、平方根和总和，甚至谈到了矩阵。

广义上讲，聚类分析有助于我们处理复杂性和多样性，或者仅仅是大量的数据或项目。它帮助我们从字面上一目了然地看到事物之间的相似性和差异性。

集群可以是任何一组类似的对象，无论是客户、房屋、城市、捐助者、病人、产品、风险还是地点。但是你现在可能会问：我将如何获得集群以便我可以将它们用于规划、培训、营销或其他目的？我又如何应用聚类分析的力量来进行客户分类、照片分组和寻找新的市场定位的？这些问题将会在下一部分得到解答。我们将会在下一部分描述聚类分析的过程、不同种类的聚类算法以及它们的应用范围。

# 聚类分析的工作原理

　　无论是在营销研究、人力资源分析、研发还是在其他应用领域，了解聚类分析的工作原理、正确解释其结果都是很重要的。根据它们在某些特征方面的相似程度创建组别是一个反复迭代的过程，其中某些步骤必须由计算机进行重复操作才能得到正确的结果。因此，即使是计算机也不能一次性完成，而且它也无法独自完成，需要你在这个过程中向计算机提供一些指导和常识，并为它找到的组别提出描述性的标签。

　　你可以让程序迭代地找到最佳聚类，方法是给它建议要创建的聚类数量，并让它为该数据聚类找到最佳中点，然后重复这个过程。这种方法叫作 $k$ 均值聚类。字母"$k$"表示建议的段或组的数目。另一种方法是使用分层聚类算法，计算机从个体开始构建组到更大的组，反之亦然。$k$ 均值聚类对于大数据非常有用，而分层聚类算法可以让你更灵活地选择分组的粒度（并且可以提供非常酷的图形表示，称为树状图）。

　　无论你选择何种机制从数据中构建组，组的最终数量可能取决于你的判断（以及你选择的相似性度量）和你认为最有用的分割。但是，对于选择多少集群是有意义的，有一些经验法则。例如，如果你从 5 个组跳到 4 个组，并且注意到集群内的方差突然变得很大，那么你可能想要坚持使用最初的 5 个组。

　　综上所述，以下是在聚类分析的帮助下对数据进行分组所需采取的关键步骤：

1. 选择要分组的数据项，例如客户或捐赠者。

2. 收集有关这些项目的数据（如你的客户或捐赠者的年龄、消费、位置等）。换句话说，选择你想要用作聚类标准的变量。

3. 选择一种计算相似性的方法（下一部分将详细介绍）。

4. 选择一种聚类算法，查找相似的项并将它们分在一组。

5. 运行程序（多运行几次，可以使用不同的集群方法）。

6. 检查结果，看看它们是否对你有意义。对于这一步，你可能希望看到聚类分析的可视化结果（稍后将详细介绍）。

7. 如果这样做能给结果组提供信息名称或标签，那么捕捉它们的基本特征（或如何处理各自的组）。

8. 设计应对已出现的群体的措施（如分段沟通方法）。

很简单，对吧？然而，这个过程的关键是量化相似性。现在让我们来看看这是如何实现的，这样你就可以理解细分客户、员工、项目或任何其他事物的真正含义。

# 统计学上的相似性

正如你现在所知道的，分割的整个概念都围绕着相似性的概念。因此，加深对统计学和数据科学中相似性的真正含义的理解是有帮助的。建立这种理解的一个好起点是所谓的雅卡德系数（Jaccard coefficient）或指数（然后我们将转向另一个称为欧几里得距离的系数）。

雅卡德系数，也称为"交集超过联合"或雅卡德相似系数，是用于比较某些样本集的相似性的度量（Jaccard，1912）。它被定义为交集的大小除以样本集所有数据的大小，或者直观地说，如图 5-2 所示的分数。

雅卡德系数是集合间相似性的一个非常简单的量化。它可以用于检测剽窃，或用于其他文本挖掘目的。例如，如果值为 40%，则表示一组中的项目共享其所有特征的 40%。

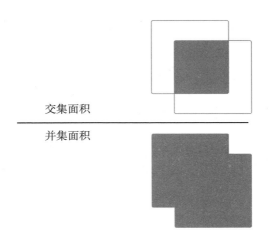

交集面积

并集面积

**图 5-2  两个样本集的相似度为交集（相同元素）与并集（所有元素）之比**

它们虽然在 40％的属性上是相同的，但在 60％的属性上是不同的。想想一个家庭的成员和他们的视觉特征，比如头发的颜色、眼睛的颜色、鼻子的形状或身高等。如果一个家庭的雅卡德系数为 20％，我们就很难判断他们是否有血缘关系。而如果雅卡德系数为 80％，我们一眼就能看出他们一定是来自同一家族。

雅卡德系数是比较整个群体成员的一种非常有限的方法。然而，对于许多其他应用程序，我们需要一种更通用的相似性度量，即所谓的距离度量（表示相似性程度）。对于单个变量，相似性非常简单：关于一个变量（例如客户的年龄）的差异越小，项目（客户）就越相似。再比如：两个人在购买力上相似，如果他们的收入水平有一个小的差异，那么不相似的水平会随着他们收入差异的增加而提高。

现在，多个变量（或比较特征）需要一个总距离度量。当我们根据许多属性（如收入、年龄、消费习惯、性别）比较项目时，用单一值定义相似性变得更加困难。为此，我们有一个方便的小公式，可以帮助你总结各种特征的差异。

最著名的距离度量是欧几里得距离，这是日常生活中直线距离的概念

（想想两个城市之间的直飞航线）。理解这种相似性度量是如何产生的很重要，这样你才能理解当数据科学家说"我们将相似的数据分组"时，他的真正意思是什么。因此，请耐心等待一分钟，试着消化理解下面的公式。

要计算这个距离，需要取各个属性之间的差异并将它们相加。实际上，首先要对每个差进行平方，这样就可以去掉负号，不影响差的总和。然后再消去这个平方，最后取平方根。这就为我们提供了一个计算任何给定数据相似性的简洁公式：

$$D_{ij} = \sqrt{\sum_{k=1}^{n}(x_{ki} - x_{kj})^2} \quad \text{欧式距离}$$

这基本上意味着我们可以将两个事物之间的许多差异表示为两点之间的距离。这个距离是由两个事物之间的所有差异相加而成的。所以两个事物之间的欧几里得距离可以表示为它们属性之差的平方和，再进行开方，这样负号就不再起作用了。换句话说，我们把所有的绝对差异加了起来。

让我们举一个简单的例子来说明这个公式。

假设我们有 4 位客户，我们根据他们每年在电子商务商店的总支出对他们进行比较。

|  | 消费金额 |
| --- | --- |
| 客户 1 | 400 |
| 客户 2 | 150 |
| 客户 3 | 420 |
| 客户 4 | 100 |

两两计算它们的差异会得到这些值：

客户 1 相对于客户 2　　400－150＝250

客户 1 相对于客户 3　　400－420＝－20

客户 1 相对于客户 4　　400－100＝300

客户 2 相对于客户 3 　　　 150－420＝－270

客户 2 相对于客户 4 　　　 150－100＝50

客户 3 相对于客户 4 　　　 420－100＝320

右边的数字表示消费者在消费方面的差异。我们看到客户 1 和客户 3 非常相似，而客户 1 和客户 2 以及客户 1 和客户 4 则非常不同。

因为现在花费的钱可能不足以建立一个良好的客户群，所以我们接下来还要看看他们的年龄。

|  | 消费金额 | 年龄 |
|---|---|---|
| 客户 1 | 400 | 55 |
| 客户 2 | 150 | 37 |
| 客户 3 | 420 | 64 |
| 客户 4 | 100 | 29 |

为了将年龄差异与消费差异结合起来，我们应该使用前面学到的公式。这样做会得到以下这些值：

客户 1 相对于客户 2 　　 $\sqrt{(400-150)^2+(55-37)^2}=250$

客户 1 相对于客户 3 　　 $\sqrt{(400-420)^2+(55-64)^2}=22$

客户 1 相对于客户 4 　　 $\sqrt{(400-100)^2+(55-29)^2}=301$

客户 2 相对于客户 3 　　 $\sqrt{(150-420)^2+(37-64)^2}=271$

客户 2 相对于客户 4 　　 $\sqrt{(150-100)^2+(37-29)^2}=50$

客户 3 相对于客户 4 　　 $\sqrt{(420-100)^2+(64-29)^2}=322$

我们刚刚量化了多维相似性。现在可以看到，当考虑到这两个属性时，客户 3 和客户 4 彼此之间的差异最大，而客户 1 和客户 3 彼此之间的相似性最大。这将有助于我们针对这一组客户，而不是针对每个客户单独制定措施或营销方案。

现在，我们可以使用这些值来绘制顾客之间所谓的欧几里得（或直接）距离，并根据所有顾客的相对定位创建组（实际上，计算机将在上面计算的距离度量的帮助下为我们完成此操作）。在现实中，我们当然会用更多的客户来做这件事，而不仅仅是 4 位客户，也会有更多的维度，而不仅仅是消费和年龄。我们也可以使用另一种（或额外的）距离度量，而不是欧几里得距离度量。但你能明白。

请注意，首选的相似度度量将影响你的结果（即计算机生成的组）。实践中的聚类分析通常需要进行灵敏度分析，以查看当从欧几里得距离切换到另一种相似度量时聚类结果是否保持稳定。因此，测试集群的鲁棒性始终是一个好主意。请改变你的距离度量，看看这是否会导致其他组结果。

# 可视化组

计算机现在如何处理这些相似值呢？在分层聚类分析（首先构建较大的组，然后将其分成较小的组）的情况下，它计算了一个所谓的相似性矩阵——就是露丝跟乔希提到的矩阵——差异的两两比较被绘制在一个巨大的表格中。

相似性矩阵有时也称为距离矩阵（因为其中的值是项目之间的"距离"，如上所述）。基于这个矩阵（其值通常归一化，落在 0（＝不相似）和 1（＝相同）之间），计算机可以计算可能的分组。请注意，其他聚类算法，如 $k$ 均值聚类，不使用这个点向距离来计算分组，而是使用其他度量，如均值和均值偏差（对于最初规定的组）。

我们可以用树状图直观地展示相似性或距离矩阵中的距离，树状图是一种简单的树形图，其中分支的长度表示集群（或最低级别的项目）之间的距离。图 5-3 显示了一个简单的树状图的例子。

这个树状图告诉你，客户 3 和客户 1 比客户 3 和客户 4 更相似。它还告诉你，客户 3 和客户 1 之间的相似度实际上比客户 2 和客户 4 之间的相

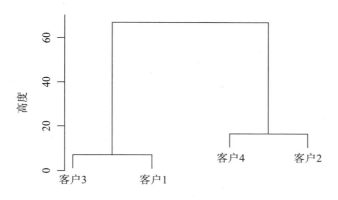

**图 5-3　一个简化版本的树状图**

似度略高：在树状图上越低的项目（或分支），它们越相似，分支越高，项目或群体的相似度就越低。

　　实际上，树状图看起来要比上面的例子复杂得多，而且决定在哪个层次上砍掉树并建立一个组并不总是那么容易。在上面的示例中，很明显我们可以创建两个集群，一个由客户 3 和客户 1 组成，另一个由客户 2 和客户 4 组成。现在让我们看看下一个更现实的树状图。问题是在哪里定义集群呢？一个好的方法是在树枝之间留有最多空白的地方进行修剪。在下面的树状图中，这将给我们 4 个主要的集群。但是，如果有用的话，你还可以在以后将子集群用于其他目的。这就是分层聚类的优点（并且不需要像 $k$ 均值聚类方法那样预先指定需要多少个聚类）。它的缺点是，对于真正的大数据集来说，它通常很麻烦（而且有点慢）。它对异常值也特别敏感，尽管当你观察生成的树状图时，通常可以很好地发现它们，但对于非常大的数据集，树状图也会失去一些清晰度，变得混乱，难以阅读（见图 5-4）。

　　此外，还有其他显示距离的方法，例如在 3D 空间或简单的平面上，后一种可视化效果如图 5-5 中的右图所示。这个图的技术术语是多维缩放图或（自组织）相似性图。

　　然而，在我们与管理人员的合作中，我们发现图 5-5 中的树状图通常

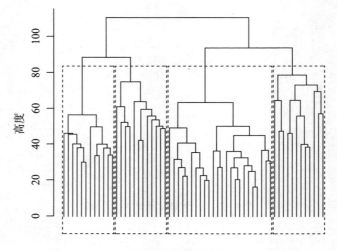

图 5-4 一个更真实的树状图和它的分组结果

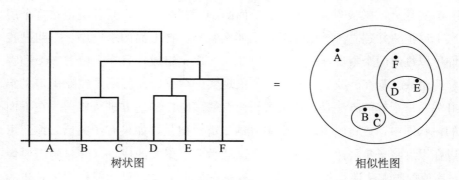

图 5-5 两种展示聚类分析结果的方法

会比相似性图得到更富有成效的数据讨论。因为他们发现树状图是一种更自然的浏览组和级别的方式。遗憾的是，许多可视化分析包（如 Tableau 或 Power BI）只向你显示右侧的结果，而不能生成树状图。请注意，在右边的图形上没有笛卡尔坐标（没有 $x$ 轴或 $y$ 轴），唯一重要的是 A 到 F 之间的直接距离（所以 D 与 E 比 F 与 A 更相似）。直观地检查和比较这两个图形，看看你是否能理解它们是等效的，这可能是一个很好的练习（见图 5-5）。

## 怎么说

### 帮助人们正确地解释聚类图

当你向别人展示树状图或相似性图时要小心，因为它们很容易被误解（或过于混乱）。一定要解释，在树状图中，分叉代表不同的项目分组，分叉越低，它下面的相似项目就越多。

在展示相似性图时，你应该强调这种类型的图表没有正确的（水平和垂直）x 轴和 y 轴。你应该强调，唯一有意义的信息是项目之间的直接（飞行）距离，以表示它们的相似或差异程度。

# 集群的注意事项

在我们对聚类的酷炫应用程序的可能性充满热情之前，在使用聚类分析对数据进行分段时，我们需要注意几个注意事项。即使作为一名管理人员，你也应该意识到这种分组方法的风险和局限性，因为它们会影响最终结果及其含义。以下是聚类分析的三大局限性。

1. 聚类分析并不总能给出明确的分组。你需要尝试不同的算法、不同数量的组或不同的级别，并应用你的经验来找到适合你的数据范围和应用程序情境的组。通过检查所谓的轮廓分数是否更接近于 1 而不是 0，询问你的数据科学家这些项目是否真正适合他们分配的集群。轮廓值只是衡量一个对象与它自己的集群相比与其他集群有多相似。如果许多点的值很低或者为负值，那么可能有太多或太少的聚类。

2. 计算机不会为它所创建的组提供明确的基本原理或描述性标签。你必须使用你自己的常识和经验来诊断集群中的底层模式。由于集群并不总是以最面向行动的方式组织，因此使用不同的版本（聚类方法、相似性度量、级别或组数）可能有助于找到最佳的细分。

3. 与许多其他统计分析一样，（层次）聚类分析对异常值很敏感。所以，一定要分析异常值在数据集中的作用。尝试使用剔除了离群值的数据集运行群集算法，看看这是否会影响创建的组。

关于此方法的范围，还需要注意一点，因为聚类分析并不是所有分组的首选方法。实际上，你可能希望将聚类分析与其他统计过程（如降维或因素分析）区分开来。后者在人力资源、市场营销或销售中也很重要。

在这种情况下，将聚类分析与其他"分割"技术区分开来是很有用的。请记住，聚类分析用于分组案例（事物、客户、产品），而因子分析（factor analysis）或主成分分析（principal component analysis，PCA）试图将属于一个维度的特征（如大小、体积、频率等）分组。因此，它们是"降维"技术。因子分析（一种非常流行的统计技术）假设在观察到的数据之下存在潜在或隐藏的因素，而主成分分析试图识别由观察到的变量组成的变量。因此，如果你想对客户进行分组，最好的方法可能是聚类分析。但是，如果你想找出哪些因素与类似的客户行为有关，那么你可能会使用其他技术之一。

如前所述，聚类分析是无监督机器学习的一个例子，因为它基于迭代和对最佳拟合结果的检查，而不是先前标记的训练数据（如监督机器学习）。因此，你需要对聚类分析的结果持保留态度，并根据自己的判断或经验对其进行测试，特别是在组边界方面。你可以不太关心因子分析本身，因为它更像是数据分析师的幕后工具，而不是前端数据折磨工具。聚类分析通常用于客户细分等领域，但在这些领域无法保证最佳的解决方案。例如，如果你想设计一个性格测试，你就需要因子分析。

在了解了聚类分析的好处、类型、过程、可视化和注意事项之后，我们现在可以回到乔希和露丝以及他们的数据讨论最终的结果。

## 数据对话（续）

乔希现在开始挖掘聚类分析，并为后续研究做好了准备。

他再次感谢露丝的分析，并问道："你使用了哪种聚类算法？为什么使用这种分析？"露丝回答说她使用了层次聚类分析。于是，乔希问露丝能否给他看一下聚类分析算法得出的树状图。当露丝向他展示树状图时，他意识到有一个比露丝提到的 12 个组更简单的解决方案。在树状图的更高层次上，有一个仅由 4 个群体组成的组。当乔希问露丝为什么她建议 12 个组从而替换 4 个组时，她说："我也想过这个问题，但后来看起来太简单了，而且这样的分组有点异质，尤其是因为每个组中都有异常值，但它仍然可以用于与客户沟通。"

乔希和露丝首先别除了一些异常值，检查了新的结果，然后将集群的数量减少到只有 4 个。他们共同为每一个群体（过度活跃的客户，专注的价值购物者，偶尔的访客，以及非常被动的客户）找到了好名字，这有助于指导沟通团队了解每个群体的特殊性，以及如何在随后的沟通中解决它们。他们还分析了 4 个组中的异常值，并决定分别处理它们。

露丝在会议结束时既感到震惊，又感到满足。她不仅低估了老板的数据素养，也低估了良好的数据对话能为企业带来的价值。她很高兴乔希和她"折磨"了这些数据（乔希这么说的），直到它们更清楚地向他们说话。

# 关键要点

每当你需要理解数据并认为分组可能是一种好方法时，请问自己以下这些问题。

1. 当看到聚类分析的结果时，问问你自己：这是不是绘制组边界的唯一方法？它与你的经验相符吗？这有意义吗？你能减少小组的数量吗？

2. 是否存在异常值？我们对它们了解多少？它们如何影响已构建的组？

3. 当我们仔细观察树状图时，对我们的目的来说，正确的组数是多少？

4. 我们如何以一种信息丰富的方式标记结果组，以此指示如何实际处理每个组？

5. 与你的同事沟通组别的最佳方式是什么？如果你使用过分层聚类分析，请考虑展示树状图。如果你已经使用了 $k$ 均值聚类或其他非层次聚类算法，可以考虑使用相似性图。

6. 我是对项目分组还是对特征分组？如果我想对特征进行分组，例如人格特征或产品特征，那么因子分析是正确的选择。如果要对元素（如客户或产品）进行分组，那么聚类算法是正确的方法。

# 陷　阱

## 分析陷阱

聚类分析可能存在的风险有：

- 认为聚类分析的结果是理所当然的，而没有对结果组进行完整性检查或常识性验证。
- 当因子分析是正确的方法时，使用聚类方法，因为你想要针对特征（想想个性特征）而不是项目（想想客户或员工）分组。
- 为组提供非描述性标签，这些标签不能说明各组的特征。
- 不理解所选择的相似性度量对最终分组的影响。因此，请务必要求对所使用的相似性度量类型进行敏感性分析。这意味着分析人员向你展示使用另一种相似性度量的影响（对结果组）。
- 缺乏数据准备会极大地影响聚类结果（例如对输入变量进行标准化还是不进行标准化）。因此，应询问数据准备是否做得明智（以及如何）。

## 沟通陷阱

- 不要深入讨论你所使用的聚类算法的细节以及为什么它是正确的，

而是首先根据总体目的设置场景。

- 在现场演示中使用树状图时，请确保使用交互式版本。这将允许你展示聚类分析中可能出现的不同组。

- 主动提及聚类方法的局限性。

# 更多资源

一个简单的 YouTube 教程，介绍了 4 种最重要的聚类技术：https://www.youtube.com/watch?v＝Se28XHI2_xE。

一本伟大而简洁的书，也涵盖了聚类分析的内容：

Bailey，K. D. (1994). *Typologies and taxonomies：An introduction to classification techniques*. Sage。

# 检测数据失真：每个人都应该知道的分析偏差

## 你将学到什么？

在本章中，我们将讨论数据分析过程中经常出现的错误。这些所谓的偏差将会对基于分析的决策质量产生负面的影响，因此应该被识别和避免。

就像大多数人一样，在有大量经验的领域我们相信直觉，但在没有经验的领域我们相信数据。在后一种情况下，当拥有相关数据时，我们感到更安全和更自信。但是，我们一定要小心仅使用数据可能带给我们的错误的安全感。

所以，无论什么时候有了相关的数据，我们都会觉得决策过程必须改进。

但事实不一定是这样。

有时数据正是我们做出错误决策的原因。

为什么？因为数据、数据分析或它被交互或使用的方式可能是存在严重偏见或被严重误导的（见图 6 - 1）。这是一个坏消息。

好消息是你可以培养出一种健康的对于数据偏见的怀疑态度：你可以识别甚至阻止上述扭曲。你可以使你的分析工作免受这些反复出现的思维错误的影响。

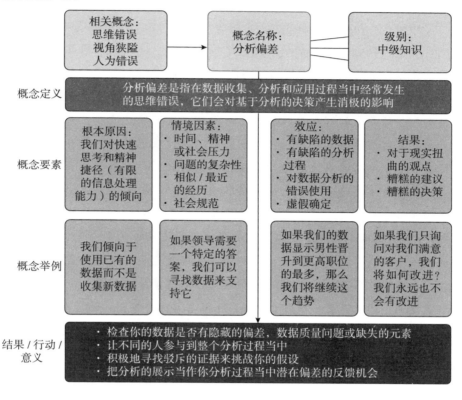

图 6-1 分析偏差中的重要概念

如何做？通过了解这些偏差，在你的分析工作中识别这些偏差，理解和找出它们出现的根本原因，当然，还需要知道它们的纠正方法。看看你是否已经能够识别出下面简短对话当中的一些问题。

**数据对话**

约翰是一家保险公司的初级风险分析师。他正在向公司分析团队的管理者本斯进行报告。风险管理团队最近发现了一组个人用户的索赔（即保险公司需要承担的报告损失）略有增加，他们提出一个请求，希望了解为什么会出现这种情况。看完数据之后，约翰和本斯开会讨论这个请求，以及约翰到目前为止的发现。

约翰：本斯，我很高兴我们有机会讨论那个索赔增加的案例。

本斯：我也一样，告诉我关于它的更多的事情。我只阅读了那个注意到索赔增加的风险管理团队的邮件。

约翰：当我拿到索赔数据的时候，我想起了上周阅读的那篇关于隔离如何导致更多的家庭事故的文章。因此，我怀疑这可能就是原因，并开始研究这些索赔中与新冠疫情相关的原因。我很确定，许多损害都与隔离和居家办公时发生的活动有关，你猜怎么样，我有了很多发现。所以，我查看了那些工作被疫情直接影响的客户，的确发现了他们中的许多人声称与在家工作时发生的事情有关。我甚至对这些数据集进行了回归，$r$ 平方值非常显著，这在一定程度上证明了我的观点。由于居家办公的增加，家庭事故增加，因此我们正在支付新冠疫情的保险费。我看到了一个清晰的因果链，在家的时间越长，家庭事故就越多。也许我们应该建议沟通团队开展一项关于"如何保障居家办公安全"的活动。

本斯：等一下，约翰。你是不是有点过多且过早地把索赔的原因仅仅归咎于新冠疫情了？难道不存在其他导致索赔增加的原因吗？

约翰：但我收集的数据在这一点上很清晰：居家办公是罪魁祸首。

本斯：约翰，我想你应该重新分析这方面。这一次要尽可能开阔和开放，并找出与你的假设相违背的数据，即索赔的增加是由于居家办公的增加。还要查看其他那些也居家办公但索赔没有增加的客户，好吗？看看合同差异、人口统计和其他方面。

约翰：好的，老板，我马上去做。我想只有偏执狂才能生存。

你发现约翰工作当中隐藏的偏差了吗？这也许会有所帮助。

图 6-2 展示了分析过程中的十个关键偏差。如果你在人力资源流程、风险评估、市场营销或销售、控制或信贷审批中使用数据，那么你就要确保自己避开这十个分析陷阱。在这些情况下，下列三种偏差当中的任何一

种都可能导致决策失败，因为有偏差的数据可能会导致你做出错误的决策。

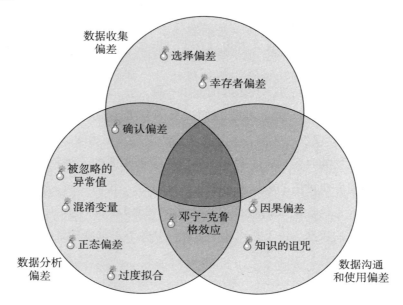

图 6 - 2　每个专业人士都应该知道的十个分析偏差

　　这些偏差是在数据收集、数据分析及数据应用（即沟通和使用）过程中形成的。我们从大量偏差（参见我们在 bias. visual-literacy. org 上的互动地图，有超过 180 个偏差）中选择了十个关键偏差的三个主要原因是：

- 我们已经看到它们在许多组织的分析过程中频繁发生。
- 它们对分析的质量和随后的决策产生了巨大的负面影响。
- 如果采取针对它们的有效对策，它们能够被预防。

　　在接下来的内容中，我们将讨论为什么这些偏差会发生（它们的根本原因），如何识别它们（表征），当然还有如何对抗它们（它们的解决办法），以此来提高数据分析的质量。

# 数据收集偏差

这听起来很矛盾，但你在分析过程中可能犯的最大错误之一就是简单地处理你所拥有的数据。

就像那个男人在路灯下找钥匙的故事一样。一名乘客问他是否确定是在这里丢的，他回答："不，我把它们丢在了其他地方，但这里的光线要好很多。"所以，仅仅有数据并不意味着你的决定是正确的。

在收集数据的时候，要注意可能会扭曲数据来源的三种特殊偏差：我们倾向于使用方便可用的数据而不是正确的数据，我们倾向于查看已经收集的数据而不是仍然缺失的数据（参考客户调查），我们倾向于寻找证实我们最初观点的数据。以下是对每个数据收集偏差的简要描述。

## 选择偏差

- 描述：我们倾向于使用方便可用的数据，而不是具有代表性的数据（例如，研究的参与者与感兴趣的人群在系统上的不同）。
- 根本原因：时间压力，懒惰，预算限制，技术限制。
- 表征：数据偏差不能代表潜在人群的全部范围（例如过度积极的产品评价），预期结果（例如，成功的产品发布）与现实（例如，产品失败）之间存在差距。
- 解决办法：检查你的抽样方法和你应用的纳入或排除标准，在从目标总体中选择样本时使用随机方法。

## 幸存者偏差

- 描述：专注于取得的结果而忽略没有取得的结果。比如，只分析已经完成的客户调查，而忽略那些还没有完全完成的调查。
- 根本原因：忽略了重要的数据收集机会，在源头上存在收集数据的障碍，以及烦琐的数据输入过程。

- 表征：数据有偏差（例如，只有满意的客户或非常不满意的客户回应了调查），预期结果与现实存在差距。
- 解决办法：跟进没有产生数据的数据来源，并寻找替代方法来完成工作。可能的话让数据输入过程成为更加无缝的体验。

## 确认偏差

- 描述：数据分析师有时只是为了证实他们（或他们经理）的观点而寻求数据。
- 根本原因：社会或同僚压力，固执己见的心态，过于同质化的分析团队，时间压力。
- 表征：数据完全符合自己的假设（"好得令人难以置信"）。
- 解决办法：积极寻找矛盾的数据。将数据收集或分析任务分拆给两个独立的团队。寻找在分析中排除的数据或变量。

# 数据分析偏差

在消除了数据收集方法的偏差之后，确保你的数据分析过程中没有出现典型的统计偏差。这些典型的统计错误不仅仅是草率思考的结果，它们也可能是由于对数据的幼稚处理，或者是过于狭隘的分析焦点。以下是最常见的四种数据分析偏差。

## 混淆变量

- 描述：不把影响两个事情之间联系（即导致混合效应）的因素（即变量）考虑在内。认为 a 驱动 b 仅仅是因为 a 和 b 朝同一方向移动（例如，游泳池的访问量可能不会推动冰激凌的销售，因为两者都受高温因素影响）。

- 根本原因：不完整的假设或模型。
- 表征：变量之间的虚假关联；没有观察到关联，尽管假设存在关联是合理的。
- 解决办法：测量并报告所有可能影响结果的变量，在分析中包括潜在的混淆变量，在消除了因素的影响后提供调整后的关联估计。

## 被忽略的异常值

- 描述：根本不承认异常值（样本中完全不同的项目）或简单地剔除它们。
- 根本原因：未检查数据集中的外来或极端项目。
- 表征：当绘制数据时，看到少部分样本与其他样本相距甚远。
- 解决办法：识别异常值及其对数据描述性统计的影响，使用适当的集中趋势度量（例如中位数而不是均值），在没有异常值的情况下运行分析数据并比较结果。

## 正态偏差

- 描述：不考虑样本的实际分布（例如，在一项员工调查中，大多数员工对自己的工作条件相当满意）。
- 根本原因：假设数据集为正态分布（即使它不是钟形曲线），并进行仅针对正态分布的统计检验（否则使用非参数检验）。
- 表征：统计检验的质量指标不可靠。
- 解决办法：检查样本的真实频率分布，并进行适合这种分布的测试。

## 过度拟合

- 描述：选用与已有的数据拟合的模型，但不超出现有数据。
- 根本原因：有限的数据样本，过于具体的模型。
- 表征：一个完美地容纳了所有可用数据的看似完美的模型，但在预测未来的观察结果（超出数据集）方面表现不佳。

- 解决办法：收集额外的数据来扩展和重新验证模型，删除与结果没有真正关系的变量。

# 数据沟通和使用偏差

如果没有正确地沟通和使用数据，那么数据就没有价值。因此，分析过程的最后一步——数据沟通和使用是特别重要的。在这个关键的步骤中，有几件事可能会出错。数据分析师可能会糟糕地传达他们的结果（使用难以理解的术语），或者管理者可能会误解结果（因为他们高估了自己的数据素养或混淆了相关性和因果关系）。

## 知识的诅咒

- 描述：分析师无法与管理者充分沟通（简化）他们的分析，因为他们忘记了自己的程序有多复杂。
- 根本原因：缺乏对分析目标群体的了解，缺乏用数据讲故事的技能。
- 表征：经理脸上疑惑的表情，偏离主题的问题，缺乏后续行动。
- 解决办法：祖母测试（你会如何向你的祖母解释？）。向管理者询问他们认为最难以理解的事情。开展针对数据科学家的沟通培训。

## 邓宁-克鲁格效应

- 描述：管理者有时会高估自己对统计数据的掌握程度，而没有意识到自己对数据的错误解释或使用。
- 根本原因：管理者对自己的统计理解过于乐观。
- 表征：肤浅的数据对话。
- 解决办法：由于邓宁-克鲁格效应的第一特点是你不知道你犯了这

样的错误，因此可以让管理者预先测试数据素养并发现知识短缺。向他们提出具有挑战性的问题，这样他们就能看到自己统计知识的局限性（以一种保全面子的方式）。

## 因果偏差

- 描述：相信一个因素导致另一个因素，仅仅因为这两个因素是相关的（例如，员工波动和销售）。
- 根本原因：对统计的理解有限。
- 表征：与常识相矛盾的"奇怪"关系，不允许进行此类推论的设计（例如，因为没有使用严格的实验方法收集数据）。
- 解决办法：告知管理者相关性和因果关系的区别。展示为了得出因果关系而需要进行的额外测试（超越相关性）。

## 怎么说

### 减少知识的诅咒

尝试以下方法来克服知识的诅咒和用过于复杂的方式沟通分析。

- 试着找出你的听众实际对分析学、统计学或你与他们分享的数据的了解。为什么不与你的一位数据受众非正式地喝杯咖啡，并用这种方式评估他已有的知识呢？
- 在一对一的谈话中，先向一个以前从未接触过数据的人解释你的数据，让他诚实地反馈你讲的内容的清晰程度。问问他其他第一次听到这些数据的人会对哪些内容感到困惑。
- 想想你在描述数据时使用的所有可能有其他含义的术语。试着用更具体的词来代替这些词（如鲁棒性、显著性、自举性、分布等），或者进一步解释它们。
- 鼓励你的数据受众，让他们在数据展示的各个环节更愿意提问。

现在你知道了分析环境中最相关的十个偏差。请明智地使用这些知识，清除这些偏差，发现这些扭曲，并控制基于数据的决策的质量。

---

**数据对话（续）**

约翰：谢谢本斯给了我后续交流的机会。我必须道歉。上次我过于草率地下结论，并对"新冠病毒是万恶之源"的假设深信不疑。我在数据分析的过程中过于片面，并且只想去证实我的假设。事实证明，存在完全不同的索赔激增的原因，与居家办公无关。索赔激增的真正原因是，对于许多索赔增加的客户来说，他们的合同条件即将发生变化。看起来，他们中的相当一部分人只是想从旧的合同参数中获利，因此他们在条件改变之前提出索赔。这种情况普遍存在，包括那些不在家里工作，但继续在杂货店工作的客户等。

本斯：哇，所以我们放弃了"保障居家办公安全的活动想法"，我们应该立即建议我们的代理商重新仔细检查所有这些说法是否真的合法，对吗？

约翰：没错。它可能和新冠疫情没有任何关系。很抱歉，本斯。在一些事件中这可能是欺诈。我只是没有考虑这种可能性，因为我们迄今为止极少遇到诈骗事件。

本斯：嗯，就像现在的很多人，当人们在经济上陷入困境时，这种情况更有可能发生。所以，还是有新冠疫情的影响的，约翰，只不过不是你考虑的那方面。

约翰：这是一个小小的安慰。下次在检查数据之前，我需要检查我的思维，这是我真正从这里学到的。谢谢你的怀疑，它起了很大的作用并最终得到了回报。

---

因此，请将这些风险及其解决办法告知管理人员和数据分析师，并尽可能设置保障措施或对策。然而，最重要的是，避免自己受到最有可能干扰你的特定偏差的影响。最后，下面莎士比亚的这句名言是一条有用的提醒：

愚者自以为智，智者自以为愚。

# 关键要点

每当你处理数据及对其进行分析时，从偏见或扭曲的角度来看，有几个问题是很重要的：

1. 数据选择是否以公开的方式进行？是否没有系统性偏差？

2. 数据分析是否解决了不确定证据、异常值、潜在混淆变量和非正态分布问题？

3. 受众是否正确理解并充分利用了数据？是否清楚数据告诉了我们什么以及它的局限性在什么地方？

# 陷 阱

下面是需要注意的重要风险，这些风险可能会扭曲数据或随后的分析：

- 抽样风险：给你的分析带来错误类型的数据。
- 分析风险：进行的分析不够准确，被异常值扭曲，或者过于狭隘地关注一个数据子集。
- 沟通风险：以（过于复杂和片面）的方式来传达风险，导致误解和误用数据。

# 更多资源

更多的与分析相关的偏见可以在以下网站中找到：

https://tinyurl.com/statsbiases；

https://blogs.oracle.com/analytics/post/10-cognitive-biases-in-business-analytics-and-how-to-avoid-them；

https：//www. allerin. com/blog/avoiding-bias-in-data-analyics；

https：//medium. com/de-bijenkorf-techblog/cognitive-biases-in-data-analytics-b53ea3f688e4。

我们在圣加伦大学的一位同事所写的一篇关于机器学习中关键偏差的优秀文章可以在以下网站找到：

https：//aisel. aisnet. org/cgi/viewcontent. cgi?article-1166&context＝wi2021。

# 第二部分 数据交流

TWO

# 提出关于数据的正确问题

## 你将学到什么？

本章为你提供了一套在讨论分析结果时向数据科学家提出的问题。它将帮助你在数据科学家向听众展示他的数据后组织问题和答案部分。我们将向你展示三种要问的问题，以及如何以最有建设性的方式提出这些问题。

---

**数据对话**

艾伦：……我对我们每月网站流量分析的介绍到此结束。我现在很乐意回答你们可能有的任何问题。

哈利：非常感谢你，艾伦。嗯，有人有问题吗？或者我们应该直接进入营销计划？顺便说一下，我们只剩下大约 30 分钟的时间了。

詹妮弗：我有一个简单的问题，艾伦。你能通过电子邮件把这些幻灯片发给我们吗？

艾伦：当然可以，不过它们已经在我们的 SharePoint 服务器上了。

詹妮弗：好的，如果你能把它们发送出去，那就更好了。

艾伦：好的，我会的。

哈利：很好。还有什么问题吗？那么，我们继续吧。

*威廉*：对不起，哈利，我不想拖后腿，但我有点糊涂了。艾伦，你不是说因为服务器问题，数据只涵盖了上半月吗？但是，你还是根据这两个星期提出了建议，这对我的部门产生了负面影响。此外，在你的一些建议中，你似乎将淡季的月份与旺季的月份进行了比较。这是一个大麻烦。

艾伦：不，我们实际上对数据进行了标准化处理。

*威廉*：不管怎样。我认为我们不应该在这个时候把你的建议写进会议记录。

哈利：哇，我想我们需要对这个问题进行跟进。让我们三个人一起做这件事，好吗？现在开始讨论我们的营销计划。

未完待续。

分析实践正缓慢但确定地在组织中占有一席之地，大多数专业人士正在熟悉数据驱动的决策制定。他们正在使用客户数据来更好地确定销售目标，使用运营数据来简化流程，使用人力资源数据来优化培训，或者使用情感分析来了解他们的社交媒体影响，这只是其中的几个例子。

但要使这种分析工作取得成功，业务专家和他们的分析师同事之间的高质量对话是至关重要的。

根据我们的经验，对数据及其分析提出正确的问题是从数据和分析应用中获得最大价值的一项关键任务（见图7-1）。为了支持团队的合作，我们汇总了一些特别有价值的问题，每当业务人员收到新的数据或一起讨论分析结果时，应该向他们的数据科学家提出这些问题。

我们发现的特别有帮助的问题可以归纳为以下三个方面：

1. 与数据源和数据质量有关的问题。

2. 与数据分析有关的问题。

3. 与应用有关的问题。

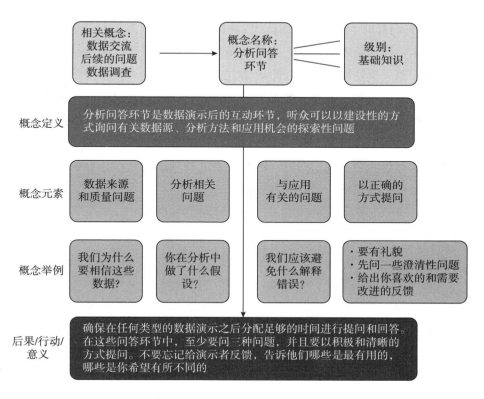

图 7 - 1　分析问答环节的关键组成部分

　　第一类问题有助于更好地评估数据的有效性和可靠性。第二类问题有助于了解数据科学家对数据实际做了什么（以及为什么）。这为第三类问题奠定了基础：面向应用的问题可能是将洞察力转化为影响力的最重要的问题。它们使你能够将分析结果付诸实践。不过，只有在你首先问过其他两类问题的情况下，你才能评估这些问题的答案。

　　提问这三种问题的好处是什么？让我们来谈谈将这些问题添加到你的分析会议清单中的主要优势。

- 它们帮助分析师和非专业人员建立共同点，避免误解。
- 通过提供重点，发现薄弱点，随后改善数据收集和分析过程，提高数据分析的严谨性和相关性。

- 它们有助于你和你的团队找到利用数据的创新方法。

那么，你如何才能获得这些好处呢？让我们先研究一下这些问题，然后简单介绍一下使用这些问题的最佳方式。把下面的清单作为一个菜单来阅读，以便从中做出选择。你永远不会有时间在一次会议上问完所有的问题，当然也没有必要这样做。但是根据我们的经验，在大多数数据讨论中，在每种类型中挑选 1~2 个问题提问是有意义的。

对于每组问题，我们都把问题按有意义的顺序排列，让分析师逐渐敞开心扉（而不是关闭心门或变得戒备）。

## 与数据来源和数据质量有关的问题

基础数据决定了分析的质量，任何分析都只能与基础数据一样好。因此，你必须了解数据的来源以及它是否适合使用。为了评估数据来源和数据质量，你可以向你的数据分析师同事询问以下 5 个问题。

1. 你为什么要关注这些数据？它能回答什么问题？为什么这些问题对我们至关重要？换句话说，这些数据的价值是什么？

2. 你能否告诉我，我们是如何、在哪里（来源及其可靠性）以及何时（时间段）收集这些数据的？哪些偏见、事件、假设或偏好可能影响了这些数据的收集？

3. 我们对数据的可靠性、一致性、完整性和准确性了解多少？在你看来，这些数据是否值得信赖，是否足够及时？

4. 我们缺少哪些你希望我们拥有的数据？是否有办法得到它？

5. 收集这些数据花费了我们多少钱？是否有办法使之更便宜、更自动化（例如通过 AI）？

## 与数据分析有关的问题

许多数据分析师喜欢谈论他们的技术、工具以及他们一般如何开展工作。因此将讨论集中于对数据的后续使用真正重要的分析部分是十分重要的。下面的问题可以帮助你把谈话引向有用的数据分析方面。

1. 为了理解这些数据，我真正需要理解的关键术语和概念是什么？请把我当作对统计学一无所知一样，将它们解释给我听。

2. 你对这些数据应用的分析工具、程序和假设是什么？为什么是这些而不是其他？关于这些程序，有什么我应该知道的吗？

3. 当你对这些数据进行分析时，有什么让你感到惊讶的吗？

4. 在分析这些数据时，最大的困难是什么？

5. 你最确定的发现是什么？你对哪里不太确定？

# 与应用有关的问题

数据应该是决策和行动的催化剂。为了帮助分析师将数据转化为决策，请向他们提出以下问题。

1. 你的数据分析的主要发现是什么？为什么？根据这些数据，你会怎么做？

2. 哪些结果容易被误解或误用？为什么会这样呢？对于我们解释的普遍性，我们应该注意哪些方面？

3. 还有谁应该听到这些见解？他们应该怎么做？

4. 我们是否有其他方法可以利用这些数据，并从中获得价值？

5. 如果我们可以重新开始数据分析，你现在会采取什么不同的做法（以避免错误，降低成本，或回答更多的问题，或实现更好的应用）？

这里要提醒：并不是所有的分析师都认为，根据自己的数据提出建议是他们的职责。有些人认为自己的工作仅仅是数据的传递和综合。因此，这最后一组问题应该谨慎地、反复地、（最重要的是）建设性地提出（表示尊重和共同提高的意愿）。在谈论数据的用途时，要尽量建立一种合群的氛围。这就把我们带到了最后一部分——关于如何建设性地提出问题。

# 建设性地提出问题

在概述了你应该在分析会议上问哪些问题之后，现在让我们来谈谈如何更好地提出这些问题。你当然不希望你的分析师（他们可能并不总是喜欢沟通方面的工作）在每次与你见面讨论数据见解时变得害怕、抵触或担心。因此，为你的问题找到合适的语气、时机和坚定的态度是至关重要的。

你的语气应该是尊重的、好奇的，而非指责性的。这种提问形式的优势在于，你只是表现出感兴趣，想要了解更多，而不是做出判断或指责某人没有做好他们的工作。因此，应尽量使用（开放性）问题，避免引导性问题。

提问题的时机应该遵循上述过程。所以，从简单的、基于事实的问题开始，逐渐过渡到更复杂的、基于观点的问题。还要确保你提问题的时间安排得当，当你的分析师提出一个对他们来说显然非常重要的问题时，不要打断他们。

关于坚定的态度，当你的分析师给你一个闪烁其词的答案时，你当然应该挑战他们。同时，你也应该表现出对他们的信任和尊重，比如当他们对一个问题反复给你同样的答案时。

当然，问题并不是在这种情况下使用的唯一工具。与探询数据来源、分析方面和决策后果同样重要的是，承认已经完成的工作。所以，别忘了给你的分析师提供积极的反馈（并听取他们对你的反馈），并感谢他们的努力。将数据讨论设定为共同学习的事件，并跟踪如何持续改进它们。通过这种方式，你将避免管理中最常见的错误来源，根据最受尊敬的大师彼得·德鲁克所说：

> 管理决策中最常见的错误来源是强调寻找正确的答案，而不是正确的问题。

**数据对话（续）**

哈利：谢谢艾伦和威廉给予我们网站分析的后续机会。我想我们应该早一点探究这些问题。

艾伦：我必须说，恕我直言，威廉，你真的让我在外面看起来像个傻瓜。我希望营销委员会能信任我下个月的演讲。（叹气）

威廉：我很抱歉，但对我来说，仅凭两周的网站流量数据就降低我们产品在你们主页上的可见性是没有意义的。我们怎么知道我们可以信任这些数据？

艾伦：好吧，如果你问我这个问题，那么我会说，我们把我们的发现与前几个月进行了交叉检查，结果发现它们是一致的。

威廉：你是怎么做到的？

艾伦：我们进行了回归分析，还将前几个月的结果与这两周的结果进行了比较，结果发现"新产品特色"是销售的最佳预测因素。所以，我们很有信心，我们需要定期介绍新产品，以吸引顾客进入我们的电子商务商店。

威廉：啊，好吧，我不知道那个变量到底是什么意思。我应该先问问的。我想也可以在我们的子网站上添加一个"新产品特色"。这与你的结论一致吗？

艾伦：的确如此，但要确保它们在产品列表中再次被强调为新产品。我们的数据显示，客户需要这种额外的指导。否则，他们中的许多人在滚动浏览所有产品时，就会很快放弃。

威廉：明白了！

艾伦：好问题，顺便说一下，我也许应该在我的演讲中提到这一点。

威廉：如果你能在你的下一次演讲中加入这样的提示，那就太好了。

艾伦：会的！

哈利：我在这里学到的是，我们应该花更多时间讨论我们的分析结果。下个月我会再分配 15 分钟的时间来进行问答。也感谢你们两位的坦诚。

# 关键要点

每当在一群人中进行分析或数据的介绍时，要确保留出问答时间。要特别注意以下这些要点：

- 从令人放心的观察和赞赏的问题开始，让演讲者感到舒适。
- 确保每个人都有相同的理解。问一些别人可能觉得羞于启齿的问题。
- 在进入详细讨论之前，先从澄清和基本问题开始。
- 对数据来源的可靠性和数据的可信度提出质疑是合理的。
- 确保你对指导数据科学家分析工作的隐藏假设提出问题。
- 探究分析师关于数据的行动意义和解释限制。
- 给予建设性的反馈，让数据科学家在下一次改进他们的数据展示。

# 陷　阱

数据问答会议中可能存在的风险如下：

- 指责分析师没有做好他们的工作，而不是帮助他们改善向决策者提供的数据。
- 营造一种没有人愿意承认自己不理解数据的氛围。
- 对所呈现的数据有虚假的或肤浅的理解，只问一些形式上的问题（就像詹妮弗在开场对话中所做的那样）。
- 冒犯或吓唬数据分析员，使他们不再愿意在该听众面前展示。
- 提出引导性的问题，迫使数据科学家朝某个方向研究，而数据本身可能并不证明这一点。

# 更多资源

以下是 HBR 关于提问的力量的两篇优秀文章：

https：//hbr. org/2018/05/the-surprising-power-of-questions；

https：//hbr. org/2015/03/relearning-the-art-of-asking-questions。

以下是另一篇关于向分析团队提问的文章：

https：//knowledge. insead. edu/blog/insead-blog/are-you-asking-the-right-questions-of-your-data-team-17056。

# 如何对数据进行可视化设计：图表指南

## 你将学到什么？

将数据可视化或者让数据消失！为了让数据与受众对话，你需要以图表的方式呈现数据。在本章中，我们提出了六个简单的原则（还有一个秘诀），使得你的数据在任何情况下都可见，并避免管理情境中常见的数据可视化陷阱。

**数据对话**

### 调查会议

亚瑟能够大放异彩的时刻终于到来了。亚瑟在市场部工作大约有 6 个月了，这是他的第一次重要展示。亚瑟有信心做好充分的准备。他整理了一组紧凑的幻灯片，总结了最新的客户调查。

亚瑟：大家早上好，接下来让我们一起看一下最新的客户调查。我在这张幻灯片上展示了参与者的人口统计数据的可视化结果，我认为这不言自明，所以让我们进入下一张幻灯片。

詹妮弗：亚瑟，请等一下。为什么饼图中关于我们客户行业背景的数据加起来超过了100%？这似乎很奇怪。

亚瑟：因为在客户调查中，如果他们愿意，实际上可以选择不止一个行业。我想我应该提到这一点。

詹妮弗：哦，好吧。

亚瑟：在下一张幻灯片中，你将看到不同类型的客户如何在不同的尺度上对我们进行评分。绿色线代表我们的商品客户，橙色线代表我们的忠诚客户，棕色线代表我们优质的细分客户，米色线代表我们重视的客户，粉色线代表我们单一商品的客户，虚线代表测试客户。上述所有的内容都放在一幅折线图里，很整齐，不是吗？

菲尔：这看起来像我最喜欢的意大利面，一种彩色的意大利面（大家都笑了）。

亚瑟：是的，我知道这里有很多线条，我对此很抱歉。也许我应该把它们分成不同的图表。让我们进入下一张幻灯片。

詹妮弗：不好意思，你的意大利面图表想表达什么呢？

亚瑟：哦，是的，总的来说，我们的客户对我们的售后服务非常满意，但是对于价格敏感的客户来说，他们对我们的保修参数和保修期并不满意。

詹妮弗：谢谢。由于网格和图例的原因，我并不能看出米色和棕色线条之间的区别。它们的值相同吗？

亚瑟：它们的值是不同的，抱歉，因为那里的标签重叠了，所以你看不见。接下来，下一张幻灯片展示了12幅饼图，这些饼图代表了我们针对各种类型和子类型客户的产品组合。我知道你可能在这里看不到，但服务部门通常是价值较高的部门中最小的一个。

菲尔：这是我们应该重点关注的吗？

亚瑟：我想我们可以通过高端细分市场来发展我们的服务。是的，事实上，正如我的下一张幻灯片所展示的那样，该领域的客户对我们的服务范围不是很熟悉。你可以在这幅圆环图较小的部分中看到这一点。

　　菲尔：这就是关键词——是时候吃甜甜圈和喝咖啡了。亚瑟，我们能谈谈吗？（当大家都在喝咖啡吃甜点的时候，菲尔走近了亚瑟。）

　　听我说，亚瑟，这是很好的数据，但你让我们很难吸收这些内容。

　　亚瑟：但是我将数据可视化了。

　　菲尔：是的，但很难将这些饼状部分进行比较。另外，你并没有真正把我们的注意力集中在重要的内容上。我被花哨的明暗处理、着色和3D效果分散了注意力。下一次抛弃这些花哨的东西，就专注在数字及其含义上，好吗？

　　亚瑟：好的，我能做到。

　　菲尔：亚瑟，我确实喜欢意大利面，但在一幅图表中放那么多相交的线是没有意义的。说到食物，把甜甜圈留给咖啡，试着用条形图来可视化投资组合。我知道你下周将向我们的销售经理深入介绍这项调查，为什么我们不在你向他们介绍之前先快速查看一下这些图表呢？

　　亚瑟：是的，让我们这样做吧，菲尔。谢谢你！

　　无论你是否意识到，如今几乎每个人都在从事数据业务。因此，无论是在展示、报告、数据仪表盘、网站的一部分还是在简单的对话中，我们都需要能够有效地将数据传达给他人。但我们生活在一个数据丰富的世界，我们的数据不断与其他令人信服的事实竞争，以获得关注。

　　为了改善我们的数据交流，并确保人们注意到和理解数据，我们可以依靠一种经过时间考验的方法：数据可视化。事实上，将数据可视化可以带来大量好处，从提高注意力、更快的沟通、更好的记忆，到更深入的探索、持续的动力和更强的数据参与度。

　　然而，要获得这些好处，你需要注意几个关键原则，确保一图胜千言——不需要长篇大论就能变得清晰。

　　在筛选了大量的书籍、文章和教程，并为从纽约到比勒陀利亚，从布拉迪斯拉发到班加罗尔的管理人员举办了 50 多次数据可视化培训课程后，我们将许多数据可视化指南浓缩为六个令人难忘的原则，任何希望通过数据可视化以获得更大影响的人都应该考虑这些原则。

　　这些原则可以用首字母缩略词 DESIGN 来概括，DESIGN 代表以下六个数据可视化要求（见图 8-1）。

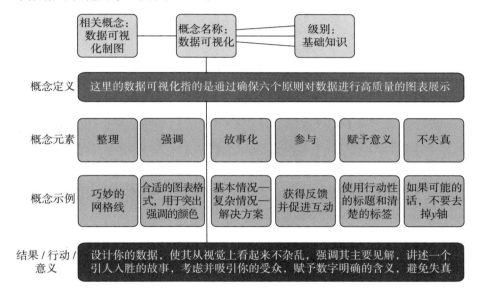

**图 8-1　数据可视化的关键概念**

　　这套原则背后的逻辑如下：

　　高质量的数据可视化是一种不杂乱或避免分散注意力的可视化，从视觉上强调其主要的见解，讲述一个引人注目的故事（用"那又怎样"），考虑并吸引受众。它赋予数字明确的含义，避免了曲解或误解。

　　在下文中，我们通过各种各样的例子，为如图 8-2 所示的首字母缩略词增添了更多的内容，并为每个原则设计了令人难忘的口号。

整理 　　 强调 　　 故事化 　　 参与 　　 赋予意义 　　 不失真
(declutter)　(emphasise)　(storify)　(involve)　(give meaning)　(no distortions)

**图 8 - 2　优秀数据图表的六大设计原则**

## 整理：视觉清晰度的艺术

　　整理图表意味着消除所有干扰数据的东西。因此，应去掉边框、主要网格线、不必要的细节（如小数）、3D 效果、（过多）颜色、阴影或其他装饰效果（包括夸张的动画方案）。图 8 - 3 中的示例显示了在可视化数字时可以省略的内容。这也是我们下一个原则的例子，即从视觉上强调关键信息（通过不同的颜色或灰度）。

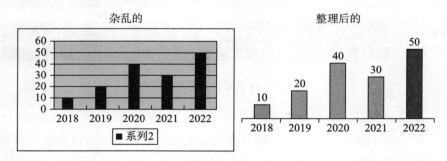

**图 8 - 3　整理图表示例**

　　此外，请确保标签、图例或标注不会干扰实际数据显示或与其重叠。《经济学人》杂志上就曾发生了一个令人震惊的反例。[1]

　　因此，请记住：当有疑问时，请将其排除在外。

# 强调：突出显示图表的主要信息

强调意味着两件事：首先，你要选择最能突出你的关键见解或图表目的的图形格式（见图 8 - 4）。其次，你要从视觉上强调图表中最重要的元素，例如通过使用不同的颜色或圈出它。

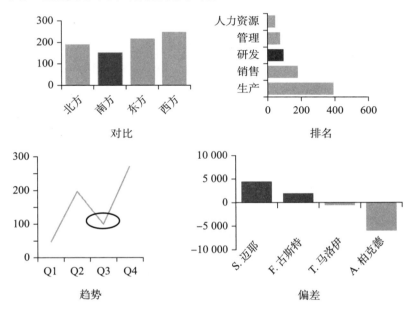

对比 　　　　　　　　　　排名

趋势 　　　　　　　　　　偏差

**图 8 - 4　四种主要的数据表示形式**

要为数据内容选择正确的图表格式，请问自己以下几个问题：

- 你是否想要实现对比？是的话选择垂直条形图。
- 你是否想要实现从小到大的排名？是的话选择水平条形图。
- 你是否想展现随着时间推移的变化趋势？是的话使用折线图。
- 最后一种选择是强调与目标或参考（如预算计划）的偏差。在这种情况下，选择双向垂直条形图。

当然，除了这四个主要目的和形式之外，还有其他目的和形式。散点图是强调相关性或分布的好方法，地图是展示具有地理维度的数据的正确格式。在我们的可视化方法周期表[2]中，你可以找到许多图表格式和示例，但请记住，最好的选择通常是条形图。

所以，不要好高骛远，使用条形图吧。

# 故事化：使你的数据戏剧化

数据故事化意味着，通过讲述一个关于你所展示数字的吸引人的故事来呈现一张图表（或一系列图表）。在另一章中，我们认为这需要将图表分成三部曲：（1）设置场景（阐明情况的概览图或集合）；（2）展现复杂的内容（用一个或多个图表显示更多细节）；（3）提供解决方案（即显示行动机会的图表）。你会在上面的首字母缩略词中认出怪物史莱克风格的"S"，这参考了我们的数据叙事章节。希望你也能记住我们在那里提到的关于数据叙事的见解（比如建立共同点——想想洗澡的史莱克）。

图 8-5 是一个关于女性在管理层中代表性的故事化的仪表盘示例，我们经常在研讨会和培训中使用，它遵循三幕/三部曲的方法（并在中间添加了一点戏剧性的"0%变化"的数字）。第一列阐明了情况，展示了 S 公司的女性员工数量低于平均水平，管理层中只有 15% 的女性。第二列展示了更多复杂的内容，即这 15% 的女性处于较低的管理层级，而且在过去的 5年中没有改变。最后一列指出了解决方案，即为了让更多的女性申请管理职位，需要更多的支持和更灵活的工作条件。顺便说一下，你会在下一章中了解到更多的信息，在那里我们也会用这个数据的一个变体作为说明。

讲故事就是对一组图表进行排序，或者为一张图表设置动画和丰富的内容。[3]

将你的图表故事化也意味着在适当的情况下为其添加情感，并赋予其独特的视觉风格。这意味着通过使数据与受众相关来与他们建立联系（先卖后说）。这就引出了我们的下一点：（受众）参与。在此之前，以下是原

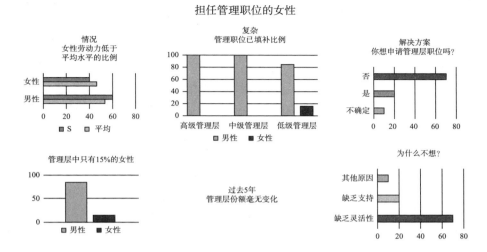

图 8-5　关于管理多样性的故事化的仪表盘示例

则 3 的口号：

为了赋予数据荣耀，请用一个三部曲来讲述。

# 参与：以交互方式吸引数据的受众

让他人参与到数据情境中，意味着在创建和呈现图表时要考虑到你的目标受众。这可以通过给受众提供简单的方式来进行图表反馈实现，并使他们能够通过单击图表来加深对数据的探索。

在交互式图表中，你可以让数据用户参与进来，让他们选择感兴趣的区域，放大查看更详细的信息，探索数据的不同方面，过滤元素，自定义显示，或将其与新数据联系起来。

在现场数据展示中，你可以在向受众展示结果之前让他们猜测结果，或者询问受众在特定图表中最引人注目的是什么。你甚至可以让他们在投影幻灯片上贴一些小便签，在那里他们可以看到进一步讨论的需求或机会。通过使用例如在屏幕演示期间激活的缩放注释功能，这也可以很好地实现虚拟效果。在特定的图表或部分设置一个向下的箭头意味着你想要展示更多关于该数据的细节，而向上的箭头则意味着该数据的更大画面或内容。向前的箭头表示对数据的（作用）影响进行讨论，向后的箭头表示需要讨论数据的背景，例如基础样本。我们称这种方法为"导航图标"，即通过简单的注释让受众参与进来，因为放置的图标有助于导航到有关数据的对话（见图 8-6）。

**图 8-6    通过导航图标让受众参与图表解读**

资料来源：欧洲央行会议实验室.

在所有这样的展示中，记得先给受众一个概述，然后再详细介绍他们的需求。

总的来说，我们目前正在见证分析领域的转变，从简单的单向数据展示转向更具互动性的数据促进会议——从仅仅向受众展示数据转变为让他们积极参与和数据的对话。在这项工作中，有无数免费工具可以为你提供支持，尤其是虚拟数据会谈。最常见的软件工具是 miro. io 或 mural. co。

所以，做一个幕后（数据）向导，而不是舞台上的（统计）圣人。

## 赋予意义：使数据具有相关性的八种方法

数据可视化就是让数据对受众有意义。至少有八种方法可以帮助这种意义的形成（这需要进行所谓的"数据筛选"）。

1. 将数据直接与可能的操作或响应联系起来是使其更有意义的一种方法（想象一下左边是条形图，右边是推荐操作）。

2. 给图表添加一个动作标题来表达它的意思是另一种方法。

3. 在图表中添加不言自明的标签和轴的描述有助于使其更有意义，即使对于匆忙浏览的受众来说也是如此。

4. 在图表中仔细添加符号有助于解释说明，例如，随着时间的推移进行货币比较的折线图中的符号£，$或者€。

5. 解释异常值或其他奇怪数据模式背后的原因（例如，通过鼠标悬停注释）。

6. 通过提供一个参考点来显示一个值实际上是好还是坏（高于/低于目标值），可以使数据在仪表盘中变得有意义。

7. 你也可以通过显示数字随时间的发展来赋予它们意义。

8. 最后但同样重要的是，你可以通过将任何数字与受众熟悉的现象进行比较，使其更具相关性，例如，亚马逊在 10 年内损失了 1 000 多万个足球场大小的森林。这可能比说 2010—2020 年亚马逊雨林有远超 62 160 平方千米的森林被砍伐更有意义。另一个（更加以商业为导向的）例子是通过显示网络会议公司（Zoom Communications）的市值相当于 7 家主要航空公司的总市值来说明其市值。

使用这八种辅助展示工具中的一种或几种可能需要一些空间或文本，但为了让数据在观众的脑海中鲜活起来，这种努力是值得的。

因此，赋予数据意义需要进行数据筛选。

# 不失真：图表设计中应避免的问题

最后一条原则的一般规则是避开那些使数据难以理解或容易被误解的图形格式（见图 8 - 7）。这种次优格式包括饼图/圆环图/拱形图——因为它们在感知上效率低下，很难进行比较——条形图和饼图（因为它们有移动的基线），或者混合单位的图表，在一幅图中有两个不同的 $y$ 轴。你还需要避免有许多交叉线的折线图，因为它们有许多交叉点和重叠，特别难以阅读，并用所谓的小倍数代替它们。

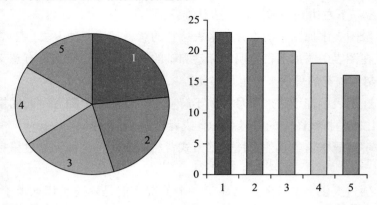

图8-7　饼图与条形图：哪种沟通方式更清晰、更准确、更快速？

不失真规则不仅适用于要如何可视化数据，也适用于要可视化哪些数据。确保你没有比较苹果和梨，或者你没有把关键数据排除在图表之外，导致描绘出一幅不完整的画面。

想要获得一份令人振奋的图表示例汇编，其中包含以多种不同方式失败的图表，详见 https://viz.wtf/。

所以，保持警觉，把馅饼*留作甜点吧。

**数据对话（续）**

**调查会议**

今天是亚瑟向营销人员展示的日子。幸运的是，这一次他有机会在与市场人员会面之前与菲尔讨论他的图表，并在这个过程中简化了其中的许多图表。但这是一次虚拟的在线会议，这加剧了亚瑟的紧张情绪。

亚瑟：大家早上好，你们能听到我说话吗？

史蒂文：声音洪亮。我们已经准备好看你的图表垃圾了（笑）。

---

*　馅饼和饼图的英文均为 pie，此处意指避免使用饼图。——译者注

亚瑟：谢谢你，史蒂文，我猜你已经听到了我上次的展示。现在我们开始吧。你们有没有想过，在我们的业务中，哪里的追加销售潜力最大？安吉，你知道吗？

安吉：不清楚，但我很想知道。

亚瑟：你们将会知道的。在这个排行榜中，你们可以看到我们的客户对我们哪些产品很熟悉，以及哪些产品对他们来说仍然是陌生的。我用红色突出显示了最不为人所知的两项服务。你们需要加强宣传这两项服务，因为大多数客户群体都不知道它们。

史蒂文：明白了。你能告诉我们更多关于客户使用或不使用哪些渠道来获取有关我们服务的信息吗？

亚瑟：好的，我这里有相关图表。你们可以在这幅偏差图中清楚地看到，我们的一个关键渠道没有被广泛利用，这就是我们的在线产品和服务目录。这条趋势线是目录使用的统计数据，它表明了这个渠道在发布时很受欢迎，但从那之后很少有客户使用它。这意味着我们必须在与客户的定期沟通中更加强调这一点。顺便说一句，我在所有需要立即采取行动的图表部分都添加了一个小符号。

史蒂文：好主意，亚瑟，图表做得也很棒。我不敢想象你能用简单的条形图说出这么多的内容。从现在起，你就是我的条形图负责人。

# 关键要点

让我们从不同的角度回顾我们的数据可视化原理之旅。本章讨论的指导方针侧重于有效数据图表的关键方面，即：

- 图表的简洁风格（整理图表）；
- 适合数据内容的图表格式（以强调其主要信息并保证没有失真、迂回或被误解）；
- 创作和展示过程（让他人参与并讲述一个有共鸣的故事）；

- 通过其标题或说明及其标签、参考点或符号展示图表的（决策）背景（赋予数据意义）。

你现在可能会说，这一切都很有用，但一开始承诺的秘诀在哪里？无论你相信与否，当谈到优秀的数据可视化风格和所谓的"风格秘诀"时，我们可以向 19 世纪的诗人马修·阿诺德学习。他写过一句很著名的话：

有话要说，就尽可能清楚地说出来。这是风格的唯一秘诀。

因此，确保你可视化和传达了与受众相关的数据，或者你可以使其变得与受众相关。尽可能清楚地做到这一点，并与同事事先核实，这对于他们来说是否真的清晰。本章介绍的 DESIGN 原则有望为你实现这一目标提供帮助。

# 陷　阱

## 交流陷阱

为了意识到数据可视化可能存在的内在风险，在准备图表时，请查看以下清单：

**设计你的数据——简单的数据可视化清单**
一个好的图表是清晰的，强调其主要信息，讲述一个令人信服的故事，让受众参与，给出明确的含义，不失真。

- 整理
  - 是否删除了边框、阴影和 3D 效果？
  - 准确度可以吗（没有不必要的细节）？
  - 网格线是否最小且不引人注目（以及标签）？
- 强调
  - 图表格式是否支持图表的目的？
  - 图表中更重要的信息在视觉上更占主导地位吗？
- 故事化
  - 数据想表达的内容清楚吗？
  - 如果有多个图表，它们是否处于逻辑顺序/排列中？
  - 你在图表上添加了一些戏剧性或多样性内容吗？
- 参与
  - 在大范围展示之前，你是否征求过关于图表的反馈意见？
  - 展示图表的时候是否有简单的反馈机会？
  - 如果图表是以数字化方式提供的，有没有办法开展互动？
- 赋予意义
  - 图表是否有引人注目的标题或说明？
  - 是否有辅助展示工具来引导受众理解数据？
  - 图表的含义有说明吗？
- 不失真
  - 你是否已将所有的饼图/圆环图/拱形图转换为条形图？
  - 你是否已经把一个有很多线条的图表转换成了多个图表？
  - 你是否消除了误解的来源（如被裁剪过的轴）？
  - 你确定没有遗漏重要数据吗？

# 更多资源

你可以在以下网站中找到一个说明如何整理图表的非常简单的分步

示例：

　　https：//www. data-to-viz. com/caveat/declutter. html。

　　你可以在以下网站中找到数据可视化优秀指南的在线示例：

　　https：//tinyurl. com/goodguidedataviz；

　　https：//medium. com/nightingale/style-guidelines-92ebe166addc；

　　https：//coolinfographics. com/dataviz-guides；

　　http：//visualizingrights. org/resources. html；

　　https：//visme. co/blog/data-visualization-best-practices/；

　　https：//killervisualstrategies. com/blog/three-rules-of-data-visualiza-tion. html；

　　https：//www. columnfivemedia. com/25-tips-to-upgrade-your-data-visualization-design。

## 注　释

1. 看看《经济学人》上发布的图表，可在该网站上查看（随后做了改进）：https：//www. vizsimply. com/blog/redesign-for-storytellingwithdata-part-1。

2. 详见 https：//tinyurl. com/allviz。

3. "讲故事"的一个很好的例子可以在该网站获得：http：//www. r2d3. us/visual-intro-to-machine-learning-part-1/。

# 数据叙事画布：呈现数据的五个神奇要素

## 你将学到什么？

本章将告诉你如何使用叙事的五个关键要素，通过有趣的开头、充实的内容、鼓舞人心的结尾进行数据展示。本章强调了数据叙事成功的关键要素，例如与观众建立共同点，激发情感或者有意利用你的声音。

---

**数据对话**

休：杰夫，你今天上午关于员工调查的展示效果怎么样？

杰夫：嗯，我不知道。我明明很好地处理了整个数据集，做好了幻灯片，还完成了所有的计算并解决了所有的调查方法论问题。但是在我展示的时候，有些人提前离开，还有些人盯着电脑在工作，我现在的心情有点复杂。

休：可能是因为你的数据展示有点枯燥？

杰夫：嗯，也许我不应该在统计软件中显示全部的流程，但我想说点实际的东西，所以我一步步展示我是如何导入和分析数据的。最后我的时间几乎全用完了，所以我不得不匆匆说了一下实际结果。

休：我觉得你可能要从根本上重新调整你的展示方式。

正如我们前面所看到的，谈论数据的最好方式之一是将其可视化。但是如果仅仅把成堆的数据变成图表并没有用（尤其如果你像我们之前提过的一样，使用饼图）。为了完美地呈现数据，你需要把它变成一个有趣的、易懂的、令人难忘的故事（见图 9 - 1）。一种简单工具的使用——数据叙事画布可以帮助你做到这一点，并减轻观众的阅读负担。

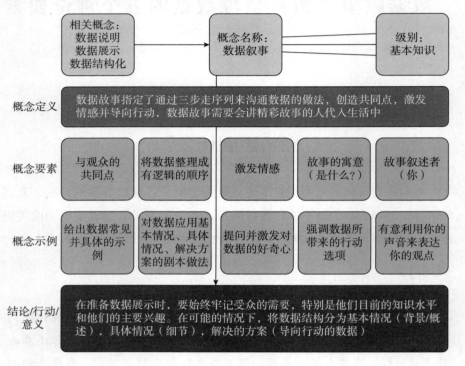

**图 9 - 1　数据叙事的关键概念**

故事是一段引人入胜的叙述，它有清晰的背景翔实的开头、充实的中间内容和令人满意的结尾。故事让你想要去探索，深入挖掘，真正了解发生了什么。一个好的故事是吸引人的、持续的、耐人寻味的，不会轻易被遗忘。当涉及决策相关的数据及其在管理中的使用时，我们应该做的就是讲好故事。

但是，我们为什么要注重故事呢？那是因为我们没有更好的沟通工具，能够告知、说服、吸引、指导他人。人类是渴望故事的物种，那么为什么不使用这种强大的沟通模式去描述最复杂的内容形式之———数据呢？

为此，我们创造了一种简单的工具，它不仅可以直观地展示你的数据故事，还可以在可视化工作模式下准备数据故事——数据叙事画布。它可以在简单的框架下捕捉到你需要知道的关于高质量的数据叙事的一切。

无论是要在数据的帮助下作为通知或说服他人的领导者，还是作为准备仪表盘、分析和展示数据的分析师，你都可以使用数据叙事和接下来要介绍的画布。

我们即将介绍的数据叙事画布是任何数据交流机会的一站式服务。它不仅会提醒你一个好的数据故事的关键特征，还可以作为一个工作表。在逐步完成它的过程中，无论面对演示、报告、仪表盘还是一对一的简报，你都可以快速构建你的数据故事。当你与其他人合作准备数据展示时，这一点尤其方便，因为画布可以作为你们之间的一种协调装置。让我们看看画布是如何工作的，又是如何将数据转化为一个生动的故事的。

# 数据叙事画布

和商业上的其他画布一样，这个视觉模板为你提供了一个简单易行的结构，你可以用自己的内容填充模板。无论你是想传达最新的客户调查结果，讨论市场研究，还是进行详细的风险分析，该模板都包含一个成功数据故事的关键点（见图 9-2）。

你最好用 A3 纸把下面的画布打印出来，然后将背景和数据元素填入其中。正如史蒂夫·乔布斯所说，策划一个演讲最好以模拟、实践的方式进行。对于数据叙事也是如此。因此，尽管这听起来和习惯不符，但在准备你的数据故事时，不妨关掉电脑，拿起一支笔，填写画布。

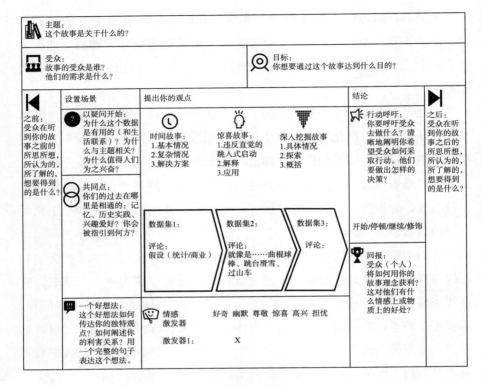

**图 9-2 数据叙事画布**

数据叙事画布由上方的背景部分和下方的故事部分组成。

上半部分包括数据故事的主题、你想向其展示数据的受众以及你想借助数据实现的总体目标。这一部分帮助你对数据叙事工作有一个总体全面的了解。它可以确保你的数据故事是以受众为导向、以目标为驱动的。

下半部分才是真正的数据叙事的工具，分别由"设置场景""提出你的观点""结论"三个主要部分组成。每一个好的数据故事都有这三个元素，也就是开头、中间和结尾。对于每一个部分，都有一些关键的成功因素，比如在开头与受众建立联系，用一个好想法制造悬念，或者在中间激发情感，或者在最后提出奖励性的行动呼吁。

然而，在完成这些部分之前，你应该从画布的上半部分（背景部分）

扩展到受众部分：更确切地说，你要完成"之前"和"之后"的部分，描述受众在听到你的故事之前和之后所了解的、所相信的、所感觉的或者想要得到的信息。这样你就可以清楚地看到数据展示能给受众带来的变化。在他们看到和听到你的分析之前，他们对这个主题的态度是什么，之后（理想化地）又会是什么？问自己这个关键问题将有助于你把你的数据故事集中在真正重要的关键部分（整理你的数据故事往往是最困难的部分）。

现在让我们仔细地观察画布的主要部分。

**设置场景**：第一印象很重要，在数据叙事时也是如此。要抵制直接展示数据的诱惑。相反，首先你要告诉受众为什么要关注这些数据。通过将数据与他们已经知道的东西联系起来（比如最近的事件、之前的展示或者熟悉的挑战），你就可以在介绍新概念时与受众建立共同点。在这一点上，点明你进行数据展示的主题或者想法，并以这种方式引起受众的兴趣。

**提出你的观点**：当你开始讨论实际的数据时，将故事的主体部分分为三个部分是很有用的，分别是建立基本情况（描述现状的数据）、复杂情况（强调挑战或机会的数据）和解决方案（如果有的话），或者你也可以采用以数据为导向的叙述方式。在这三个部分，我们不应该忘记使用情感激发器，帮助维持受众的注意力或者使关键数据更易记忆。这类激发器包含反直觉的数据带来的惊讶，或者在用数据揭示答案之前向受众提出疑问。思考如何利用你的数据给受众带来惊讶，引起受众担忧或自豪，吸引或者逗乐受众。然而，最重要的是，你应该避免使用专业术语，解释技术术语并提供浅显易懂的示例来使观点清晰。

**结论**：在结束展示时，你应该重申行动呼吁，即你希望受众根据你所展示的数据去做什么。如果你能将这一行动呼吁与受众按照你的建议去做所能获得的回报联系起来，那么这样的数据展示将会非常有效。回报是指遵循你的行动呼吁所带来的积极结果（对受众本身）。

根据我们的经验，基本情况—复杂情况—解决方案三段论适用于大多数数据集和陈述。然而，有时你也可以选择另外的三步结构。

　　这种结构的选择可以是另一种讲述故事的方式（一个充满惊喜的故事）或者按照具体背景—探索—概括的顺序讲述（一个逐渐深入的故事）。在第一种结构中，你可以从一个可能给受众带来惊讶或惊喜的具体数据集或见解开始，抓住所有人的注意力，然后将这组数据放在一个更广阔的背景下，解释它的由来，最后说明在你刚刚提出的证据下如何从数据引导出结论。在细节—概括—建议的三段论中，你从具体的数据和一个吸引人的见解开始，然后展示这个特定的见解如何在其他数据中再次出现（你归纳这个见解）。最后一步在所有结构中都是一样的：提出行动的选项。

　　在做这一切的时候，你的声音实际上是一种重要的叙述故事的工具，受众可以从声音中区分故事进行的不同阶段。让我们看看本章开头数据对话的后续部分。

## 数据对话（续）

　　休：你有没有用你的声音让数据展示更加生动，还是只用单调的语气进行演讲？

　　杰夫：我只是告诉他们我所做的和发现的一切。你所说的利用我的声音是什么意思？

　　休：我认为你需要改变你的演讲语气，更多地变换你的声音，来维持受众对你的数据的注意力。我试过一种很有效的简单方法。它使用四种元素的比喻来区分你的数据故事片段的声音。它是这样分类的：

　　地球声音：用坚定、平静和深沉的语气告诉受众数据来源、数据质量和支持分析工作的基本假设，这样可以激发受众的信任和信心。

　　水声音：用生动、流畅的语气解释你的分析方法和所有的方法理论问题。

　　火声音：用精力充沛的、强有力的、有重音的语气宣布所展示的数据的含义，并阐明你的行动呼吁。这样可以调动并激励你的受众在数据的启发下做出回应。

风声音：在接下来的问答环节中，要根据对话的动态情况和对话者本身调整你的语气。

杰夫：哇，我喜欢这样。这种分类很简单，令人难忘也很有意义。我必须走出我的舒适区，在我展示结束的时候，用火声音来进行行动呼吁。

休：嗯，你还是应该保持真实并且自然地演讲。不要过度，否则听起来会很假。

杰夫（以一种火热的语气）：说得对！这就是我要做的！

为了亲身感受这种画布对数据展示的用处，让我们来看一个简单的例子：关于性别差异的数据。它将告诉你，即使是一个仪表盘也可以被故事化。

## 仪表盘示例

假设你已经收集到了你所在公司处于管理层的女性担任的职位。你已经调查了女性员工参与管理的渴望，以及如果缺乏渴望，她们为何会对追求管理层职位犹豫不决。你现在想以一个有说服力、浅显易懂的故事将这些数据呈现给你的上司。你该怎样达到目的？首先，你要用表格把关键调查结果可视化，如图 9-3 所示。

你可能注意到，该公司的这些数据描绘了一幅惨淡的景象。尽管女性占该公司劳动力的 60%，但她们在高层管理者中并没有代表，只有 15% 的基层管理职位由女性担任。中高层管理者中没有一位女性！更糟糕的是，在过去的 5 年中，女性代表的比例没有任何改善。绝大多数女性因为公司的管理工作缺乏灵活性（从居家办公和弹性工作时间等问题来看），甚至不考虑从事管理工作。

接下来，你可以使用数据叙事画布，用基本情况—复杂情况—解决方

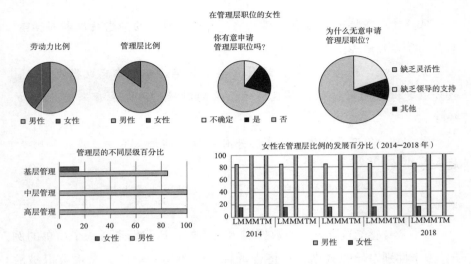

**图 9 - 3　没有故事化的仪表盘示例**

案三部曲来建构你的数据。然而，这只有在明确了数据展示的背景后才能完成。通过这种方式，图 9 - 3 所示的数据就被转化成了故事化的版本。

在画布的基础上，最初的数据（以及随后讲述的仪表盘屏幕）被重新绘制。这些数据初步展示了基本情况（大多数劳动力是女性，但她们在管理层的代表很少）、复杂情况（女性管理层代表只集中在基层，并且这种情况在过去 5 年里没有变化）（见图 9 - 4），随后提出决议表明这种现象的原因之一是女性管理层工作缺乏灵活性，因而其不想在管理层任职。女性员工还认为，她们在竞争公司管理层职位时缺乏领导的支持。理想的行动呼吁（"成为更好的领导，提供更多的灵活性！"）要与明确的回报联系在一起（至少在口头上），例如，"这样的话我们会成为更具吸引力的雇主，更好的上司，更有创新性的公司"。

你可能会注意到，仪表盘版本包含一个解释性的标题（以行动为导向），它用来强调故事的"主题"，即女性在管理层任职上的鸿沟。仪表盘版本还在呈现的数据上提出明确的行动呼吁（见图 9 - 5）。你可能还会观察到，仪表盘上较少使用饼图，这是因为饼图的感知无效性。条形图和突出标注的数字更能直接、简单地进行交流。

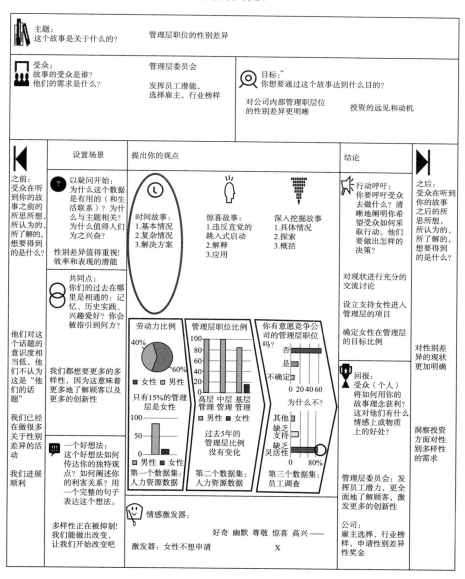

**图9-4　填充进画布的性别差异性举例**

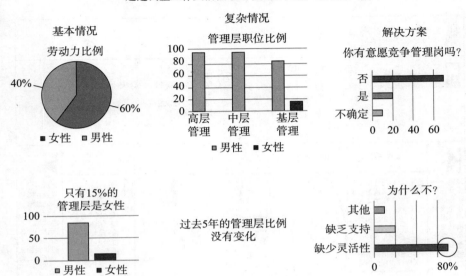

通过调整工作灵活性最终动员女性进入管理层

图 9 - 5　故事化的数据仪表盘

在圣加伦大学的研究中，我们发现人们普遍认为这种故事化的仪表盘更具操作性，更有吸引力，而且比最初版本清晰得多。

因此，当你需要展示数据时，请问自己以下这些问题：

1. 数据的哪些部分能够实现我的目标，有效地触及我的受众（考虑他们目前的知识水平和对主题的兴趣）？

2. 我如何运用三部曲（例如，基本情况—复杂情况—解决方案）建构数据？

3. 我如何利用一些受众已经知道的事情开启我的数据展示，与受众建立共同点，同时传达激发他们兴趣的精彩想法？

4. 我怎样制造惊喜、好奇、悬念、震惊、乐趣，让数据能够传递更有趣且令人难忘的事情？

5. 我怎样用明确的行动号召和回报（受众根据数据能够并且希望采取的措施）结束我的故事？

为了帮助你不使用上面的画布也能更好地记住精彩的数据叙事的关键成分，我们回顾一下一个好的数据故事的关键要素。

1. **共同点：从受众了解并关心的数据案例开始**。任何一个好故事都会早早地让受众或读者认同（某种程度上）主人公——想想怪物史莱克舒适地享用泡泡浴（在同名电影的开头）。这创造了一个我们能够与要展示的情况相联系的场景，并且让受众看到场景的悬念和与自身的关联。在最近的关于费用分析的一次数据展示中，一位数据科学家首先和我们讲起我们的电话账单与机票，然后才引入他在成本核算中采用的指标。这有助于大家理解他在谈论什么。

因此，一个好的数据故事不是从抽象的概念或者方法论出发，而是从具体的受众已经知道并能与之产生共鸣的数据案例开始。一个好的数据故事最好从向受众展示为什么这些数据（对他们来说）很重要，以及受众（最有可能）已经（非常简短地）了解了这些数据的哪些方面开始。

2. **戏剧性：将数据建构成基本情况—复杂情况—解决方案**。一个故事首先呈现的是叙述情节和一系列事件。这个顺序一般由三个部分组成：第一部分是设置情景或解释基本情况，第二部分是介绍主要挑战或复杂情况，第三部分是如何应对挑战，以及我们从中学到的以应对未来复杂的情况（解决方案）。

这种三段式的故事结构可以应用于大多数数据场景，首先展示关于整体情况的数据（市场、客户群或业务流程），然后通过更详细的数据或者多个方面的信息揭示数据基本情况背后的挑战或更复杂的情况（例如，通过仪表盘中的深层挖掘功能）。

最后，你应该展示指出解决方案或者下一步措施的数据，以及能够强调改进或改变的机会的数据。

3. **情感激发器：让你的数据更具吸引力以及情感意义**。没有任何故事可以在不激发情感的情况下吸引受众。有很多利用数据激发情感的方法。你可以引起好奇心（即首先提出一个问题，然后用数据回答），引起惊讶（即在开头展示反直觉的数据），引发思考（即这一趋势将演变成什么样子），引起后悔情绪甚至嫉妒（即提起成功的基准点或者竞争对手的成就）。

所以，思考在你的数据展示中，哪一段可以激发情感。考虑在新仪表盘中加入惊喜元素，例如当你把鼠标移动到异常值上时，屏幕上能够展现异常值背后出人意料却又引发思考的原因。或者在你的市场报告开始时，用最违反直觉的数据模式来震惊（和吸引）读者（事实上，在报告的后面会有一个简单的解释）。

**4. 如何行动：点明故事的主旨，引出行动呼吁。** 一个好的故事会促使我们改变想法，重新思考我们的主张，甚至采取行动。一个有意义的故事通常包含一个主旨（无论是隐含的还是明确的），可以超越故事本身，让读者或受众自己从中推导出结果。

因此，在理想情况下，你的数据故事应该明确故事主旨或行动呼吁，并且将其与有形的回报（即这种变化如何使受众获益）联系起来，用来增加采取行动的动力。

综上所述，点明数据指向的方向是结束一个数据故事的好方法，也就是点明行动选项、决策选择或者可能做出的改进。这虽然能在幻灯片和报告中直接展示，但比较难在仪表盘中展示。尽管如此，一些公司，例如再保险巨头瑞士再保险股份有限公司，已经开始将决策选项和行动意义加入它们的仪表盘。

**5. 你是故事的一部分：赋予数据你的观点和语气。** 好故事的最后一个要素涉及叙述者——你。没有人愿意看到一个没有生命力的机器人展示数据，或者朗读一段形式上（也涉及布局和图表）无聊、没有人情味，也因此缺乏吸引力的文本或仪表盘。

现在，我们都患有视频会议疲劳症、幻灯片中毒症和仪表盘痴呆症，因此，个人风格，即人的元素，给数据故事带来了新鲜空气。

所以，在故事里加入一些你自己的元素，例如，强调你个人认为特别相关或令人惊讶的数据，或者在你的幻灯片、仪表盘或报告中加入一点个人风格和语气的元素。将新的数据与你以前分析过的其他数据联系起来，并正确地说明它们的联系。这样做可以增强受众对你和你所展示的数据的信心。

# 关键要点

- 在介绍数据时，要始终考虑到你的受众以及他们的知识水平与兴趣。
- 让你的数据变得有趣，你可以仔细研究数据，让数据浅显易懂，并且在叙述中建构数据故事（基本情况—复杂情况—解决方案）。
- 向数据展示注入能量，没有什么比热情更有说服力了。变换你的声音，并以行动呼吁结束数据故事。

# 陷　阱

- 不要过度使用情绪，只在恰当的时候使用它。谨慎使用幽默或讽刺。我们所能利用的最安全的情绪是好奇心和自豪感（例如，当用数据展示团队成就时）。
- 不要用图表把所有数据可视化。有时我们可以只显示一个数据来强调它的重要性。
- 注意从数据中得到的行动建议。提前辨析这是否符合受众的期望。

# 更多资源

谷歌中关于数据叙事的方法：

https://www. thinkwithgoogle. com/marketing-strategies/data-and-measurement/tell-meaningful-stories-with-data/。

英国《卫报》通过新闻实例对数据叙事提出建议：

https://www.theguardian.com/data。

关于数据叙事的相关博客：

http://www.storytellingwithdata.com。

第 10 章/*Chapter Ten*

# 在他人面前使用分析软件工作

## 你将学到什么？

在这一简明的章节中，你将了解到当你使用电脑、投影仪或在线屏幕共享模式帮助人们理解数据时需要注意的事项。我们把这些潜在的数据展示风险称为"演示恶魔"，在实际中最好能避开它们。

---

**数据对话**

托马斯：杰夫现在将向我们展示新的业务仪表盘，我们所有的销售人员都可以用它来快速了解市场上的情况。请杰夫上台。

杰夫：谢谢你，托马斯。让我把主屏幕调出来。在这里的话看不到，但是，实际上你可以自定义你的开始屏幕，顺便说一下，这是一个非常难实现的功能，也许我稍后会告诉你如何调整颜色、字体和不同的尺寸，你也可以进行修改来让你想要的数字显示在这里。

托马斯：杰夫，你能不能向我们展示一下分析仪表盘的主要功能？

杰夫：嗯，当然。我们有一个市场数据视图和一个内部数据视图，其中有关于我们不同地区和内部活动的相应数据。这里最重要的是，你可以使用这个滑块或另一个来改变你的数据汇总水平，或者你也可以在设置页面中定义这些功能。让我看看，我刚刚保存了新的设置，现在又回到了主菜单中。等等，不，是在第一个子菜单中。但是，如果我点击这里，或者把它拖到这里，那么我就可以让我的原始视图恢复了。

托马斯：哇，这有点太快了。你能告诉我们一个典型的用户会用仪表盘做什么吗，比如说显示现在是星期一早上？

杰夫：好的。我不知道你的工作是什么，但假设你想知道你与其他销售人员相比的排名情况。看我如何用六个步骤做到这一点（快速移动他的鼠标，点击五个不同的命令和菜单项）。这很酷，不是吗？

托马斯：是的，但不幸的是我没有学会你是如何做到的。

杰夫：我猜你得了解这个软件（得意地笑了）。

凯伦：我可以把我的表现与我最相似的同事进行比较吗？

杰夫：我之前就是这么做的，你没看到吗？我选择了"按相似度排名"。

托马斯：好的，好的，谢谢杰夫。我们期待用上这个仪表盘。也许我们会在未来的市政厅会议中加入用户体验。

没有什么比在演示或培训中忍受糟糕的软件演示更让我们痛苦的。当一款很棒的分析软件解释不清或使用不当时，这真是太可惜了。

尽管这种基于软件的分析很重要，但我们会看到这种类型的交流总是出错——这并不是因为软件崩溃了（见图 10-1）。

在筛选了数十篇关于如何"演示软件"的文章、帖子和视频后，我们发现很多建议并没有实际的帮助，因为它要么太显而易见（"做好充分准备，记住受众"），要么不够具体（"明智地利用你的时间"）。

因此，在这个简短的章节中，我们想分享我们对高效演示软件的了解，以及在向他人展示软件时需要避免的最常见的软件演示错误。

无论是作为演示的一部分，还是在风险推销中，抑或是在一对一的会议中，在团队培训中，以及在电子学习模块中，对于任何演示或讲解软件

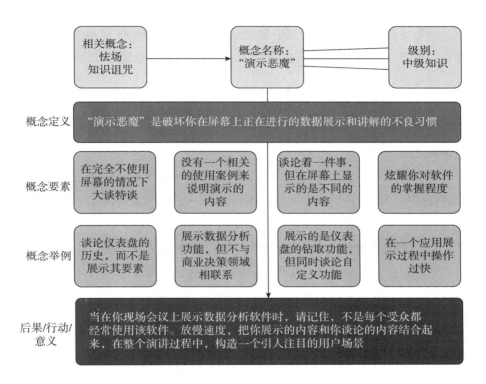

图 10 - 1　"演示恶魔"的概念

的人来说，这都是重要的建议。我们相信，我们的建议也适用于使用交互式软件与决策者协作的数据科学家和分析专业人员（例如，在向经理解释仪表盘时）。

让我们从典型的"演示恶魔"的概述开始，然后看看如何摆脱它们以提供出色的软件演示。

## "演示恶魔"：软件和分析演示是怎样失败的

我（马丁）一直是软件的忠实粉丝，无论是最新版本的数据可视化包，还是初创公司新发布的杀手级应用程序的第一个版本。但和大多数人一样，当我不理解软件表达的内容时，我会感到十分沮丧。当软件在投影仪、屏幕或在线显示时，仔细引导受众，让演示成为一种信息丰富、令人愉快的体验至关重要。但许多演示者在不知不觉中会造成以下演示的灾难，进而破坏这种体验。

1. 他们会启动软件（从而立即让人产生好奇，看看它能做什么），然后在没有进行任何屏幕动作的情况下继续谈论数分钟。这会造成受众的不耐烦和烦躁。

2. 但是，相反的做法也是不可取的，即演示者没有事先告诉我们他们的目标或他们的用户情况就开始点击操作。一个好的软件演示需要有背景和明确的范围（例如，对新功能的关注）。

3. 一些软件介绍者在向我们展示复杂功能的同时，也在谈论其他问题，例如为什么该功能难以实现。这使得受众更难专注于软件本身并理解屏幕上发生的事情。好的软件演示者会将他们所展示的内容和他们所说的内容紧密同步。

4. 演示者的另一个坏习惯是，他们不向我们展示按下某个按钮或选择某个项目的效果。他们只是简单地认为我们能理解所展示的一切，甚至能注意到细微的变化。

5. 有时，演示者希望通过特别快速地执行命令来给我们留下他们对应用程序非常精通的印象。当然，缺点是我们无法跟踪正在发生的事情。因此，适当地安排演示的节奏（包括暂停或重复一个复杂的步骤）是任何软件演示成功的关键因素。

6. 虽然很容易做到，但许多演示者仍然没有从视觉上强调鼠标指针，也没有放大应用来帮助我们集中注意力，看清他们在做什么（有简单的工具，见下一部分）。

为什么会发生这些失误？简而言之，原因在于一种叫作"知识诅咒"的认知偏见。一旦你使用了一个应用程序，并很好地理解了它，你就会变得不善于向别人讲解它。你只是忘记了这个软件有多复杂，并认为它对其他人来说也很简单。当你演示时，你忘记了许多事情对别人来说并不像现在对你来说那样清楚。

这就是为什么我们需要提醒自己在别人面前使用软件时的基本演示方法。我在下面的内容中总结了这些基本做法。

# 设计好的演示：从"什么？"到"哇！"

你怎样才能确保你的受众不仅能理解你在屏幕上做的事情，而且能真正享受它呢？除了刻意使用你的声音（避免单调），用一点幽默感和个人魅力来调剂你的演示之外，在每个演示场合都需要记住以下做法：

1. 挑选一个受众熟悉和关心的例子、数据集或用户目标。例如，在演示一种新的数据可视化工具时，使用关于流行电影的数据，并展示它们的不同。

2. 建立在受众可能已经知道或了解的软件功能基础上（强调所谓的共同点）。你可以将新的或关键的功能与知名的用户界面元素联系起来，例如那些在 Windows 或 Office 软件中已知的功能。

3. 为了吸引受众，确保你的演示有一个早期的"哇！"的时刻来展示该软件能做什么，以及它与其他应用程序的区别。你必须让人们意识到它独特的功能，并表现出你对这些功能的热情，就像十多年前史蒂夫·乔布斯在首次演示 iPad 时所做的那样。

4. 记住，一个应用程序的术语不是不言自明的。确保你定义或解释了这些重要的术语（小心知识诅咒）。

5. 使你的口头说明与屏幕上正在发生的事情严格同步。尽量不要提及受众在那个时间点上看不到的元素。

6. 确保你放大了软件，使每个人都能看到你在做什么。突出和标记可能使软件中的重要区域更加突出。Zoomit. exe 是一种免费的多功能工具，可用于放大和突出显示。

如果你记住了这些成功的因素，并使你的演示适应各自的演示环境，那么你的下一次软件展示将是轻而易举的——当然，除了应用程序崩溃。

但对于这种"演示恶魔",你总是可以依靠带有屏幕截图的老版备份幻灯片。

**数据对话(续)**

托马斯:正如我们在上次会议上所提到的,我们现在有时间来加强我们的销售仪表盘的使用。塞巴斯蒂安是该应用程序的忠实用户,他将向我们介绍他对该应用程序的使用。

塞巴斯蒂安:谢谢你,托马斯。像你们中的许多人一样,我通常在新的一个月开始时回顾上个月的情况。那么新的仪表盘会如何帮助我呢?首先,我会选择我感兴趣的月份。看到我是如何在右上角选择月份的吗?这给了我这个月的概况,但我仍然需要选择我所在的地区,我可以在这里操作。你现在看到的是我所在地区的整个 4 月的情况。为了看到与这些数字相关的销售活动,我现在点击轴下方的加号按钮。让我再慢慢给你看一下。到目前为止有什么问题吗?

伊利:如果有太多的事件发生在这个空间里,应该怎样操作呢?

塞巴斯蒂安:好问题,谢谢你。在这种情况下,在事件列表的末尾,有一个扩展按钮,就是这里的蓝色箭头(他放大了屏幕)。点击它就可以看到所有的事件。看,它就是这样展开的。明白了吗?

伊利:完全理解,谢谢你!

# 关键要点

- 挑选一个受众可以理解的、有说服力的使用案例。
- 将数据与受众的工作和兴趣联系起来,以与他们建立联系。
- 告诉受众他们看到了什么。
- 放大软件以使相关细节可见。

# 陷　阱

屏幕上的数据展示可能存在的风险包括：

- 在早期让受众感到沮丧或失去兴趣。
- 让受众感到无聊。
- 技术故障、停顿、中断（因此，应有备用幻灯片）。

# 更多资源

关于一个特别令人难忘的演示，请看：

https：//tinyurl. com/demodemons。

更多的"演示恶魔"可以在以下网站中找到：

https：//tinyurl. com/furtherdemodemons。

查看史蒂夫·乔布斯的第一个 iPad 演示：

https：//www. youtube. com/watch?v＝OBhYxj2SvRI。

# 用数据传递坏消息：如何将挫折转化为动力

## 你将学到什么？

本章展示当数据意味着坏消息时应该怎么做，以及为什么数据可以成为改进和提高的催化剂。我们提供了一些实用的沟通策略来传递基于数据的坏消息，这样你就可以避免困惑，克服阻力，并且化挫折为动力。

### 数据对话

亚历克斯看了看报告，立刻意识到这是个坏消息，非常坏的消息。他的团队编写了一份运行报告，发现在一个发动机部件的生产过程中，废品率一直很高。亚历克斯知道，他必须把这个令人担忧的结果报告给执行董事会，包括他的上司——运营主管。当他考虑如何报告这些发现时，他的手心开始冒汗。亚历克斯是个聪明人，在运营管理方面有着丰富的经验。然而，他从来不认为自己是一个善于沟通的人，他经常要竭力寻找合适的词语才能表达自己的想法。在他的上一份工作中，他的同事甚至告诉他，他有一种"特殊才能"，会无意中把事情说得无礼且冒犯。这真的让他很震惊，因为他从未想对别人刻薄，或者用数据羞辱他们。他只是在交流对数据的看法时，没有掌握合适的沟通技巧。

　　他坐在那里，盯着办公室的墙壁，思考着如何传达这个基于数据分析得出来的坏消息，尤其是这个意味着要批评自己上司的消息。亚历克斯想起了他最近读到的一个建议，即与人交流应该真实。而这正是他想要做的。他让他的团队对数据集进行进一步的分析，然后编写了一个简短的幻灯片，没有做更多的准备就进入了会议。

　　"听着，我要给你们看样东西。"亚历克斯开始了。"我的团队发现我们在生产发动机这个部件时一直存在问题。在这几个星期里，我们的废品率达到了前所未有的水平，浪费了 20%～30% 的原材料。"亚历克斯接着陈述。他补充道："在我们仔细研究了数据后，发现问题是在马修开始管理运营部门之后出现的。而且，数据显示出，大多数浪费是由阿德里安娜和洛伦佐的团队产生的。总的来说，生产需要加快，并且要做得更好。"

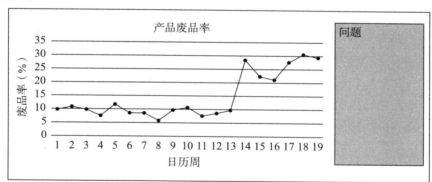

- 产品废品率连续数周居高不下
- 20%~30% 的浪费
- 自从马修开始管理运营部门之后，问题出现了
- 阿德里安娜和洛伦佐的团队生产了 60% 的废品

注：亚历克斯演讲的幻灯片。

　　运营主管马修再也坐不住了："这种分析是废话，是误导。高废品率

仅仅是因为我们更换了一个供应商，当我们意识到产品质量不符合标准时已经太晚了。这绝对与我，也与阿德里安娜或洛伦佐的团队无关。如果这就是你要说的，那就考虑结束这次会议吧。"

亚历克斯站在那里，看起来很困惑。为什么马修如此敏感？为了更好地了解发生了什么，亚历克斯决定和他的同事迪恩谈谈这件事。在听到事情的经过后，迪恩摇了摇头，说："哦，天哪，这太尴尬了。马修变得如此愤怒的原因太明显了。"迪安找了把椅子坐下，开始解释出了什么问题……

在收集和分析数据后，你可能要把结果和结论呈现给你的同事和老板。但是，当你有坏消息时，你会怎么做呢？大多数人觉得很难去传达坏消息，因此会尽可能地避开它。这很容易理解，因为一般来说，我们不喜欢给别人泼冷水或扫兴。基于数据的坏消息是指任何基于数据的被认为是不愉快或不受欢迎的事情，并且会带来不利后果的观点（见图 11-1）。基于数据的坏消息有哪些不同类型呢？这里至少有三种常见类型：负面趋势、目标失败和竞争力不足。

负面趋势指的是各种不希望或不利的发展势态。负面趋势的例子包括员工满意度的持续下降或产品需求的减少。目标失败意味着你未能实现设定的目标。例如，你可能为 5 000 名难民提供了医疗用品，而不是 15 000 名难民，或者你可能获得了 100 个新客户，而不是 500 个新客户。竞争力不足出现在你落后于别人，或者你做得相对不太好时。其中一个例子是你的应用程序的下载和使用频率低于你的竞争对手。

尽管基于数据的坏消息是我们可能会本能回避的事情，但它有很大的潜力。当我们以一种巧妙而让人信服的方式表述时，坏数据消息可以成为（积极的！）游戏规则改变者。坏消息意味着事情必须改变。这种改变可以是轻微的调整，也可以是根本性的转变——从修改现有流程到重组整个商业模式。变革是一个过程。它是一种不断进化的东西。几十年来对行为改变

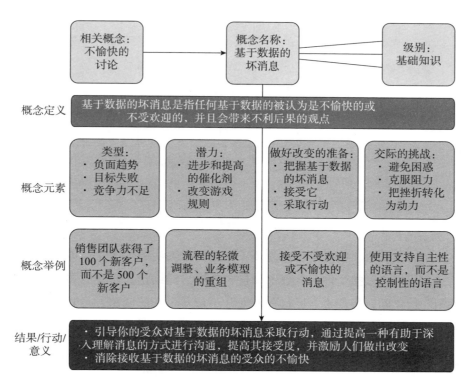

**图 11 - 1　用数据传递坏消息的关键概念**

的研究表明，人们在准备改变现状之前必须经历某些阶段（Bünzli and Eppler，2019；Prochaska et al.，2008；Prochaska and DiClemente，1982）。引导人们度过这些阶段需要产生共鸣和精心策划的沟通。我们将向你展示如何成功地将困难的数据对话引向更好的方向。所以，当有数据支持的时候，不要害怕传递坏消息，而是利用它的优势进行提高（见图 11 - 2）。

　　让我们从人们准备抓住基于数据的坏消息潜力的三个基本阶段开始。第一个阶段，理解阶段，是关于数据及其负面影响的全面理解。人们需要清楚地看到问题、问题的根本原因以及由此产生的影响。

　　如果他们彻底了解收集了什么类型的数据，数据是怎样分析的，以及从这些数据中得出了什么样的负面或令人担忧的发现，他们才能进入下一阶段。

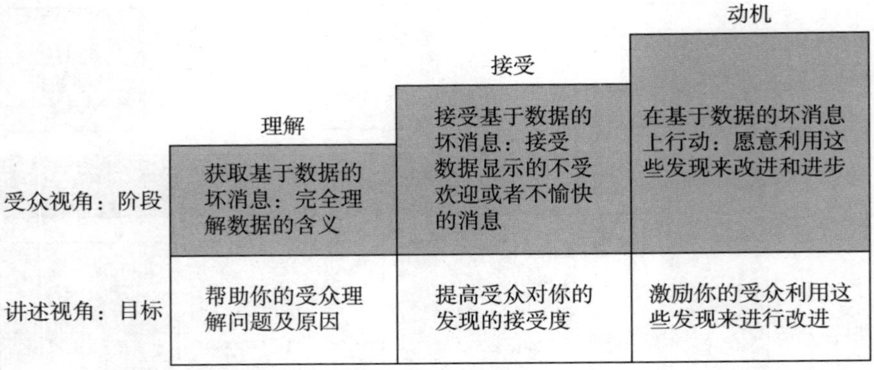

| | 理解 | 接受 | 动机 |
|---|---|---|---|
| 受众视角：阶段 | 获取基于数据的坏消息：完全理解数据的含义 | 接受基于数据的坏消息：接受数据显示的不受欢迎或者不愉快的消息 | 在基于数据的坏消息上行动：愿意利用这些发现来改进和进步 |
| 讲述视角：目标 | 帮助你的受众理解问题及原因 | 提高受众对你的发现的接受度 | 激励你的受众利用这些发现来进行改进 |

**图 11 - 2　准备抓住基于数据的坏消息潜力的三个基本阶段**

第二个阶段，接受阶段，是关于接受数据表明的不受欢迎或不愉快的信息。人们必须接受他们从数据分析中推导出的结论。接受的关键是要让他们明白，问题很严重，但这些发现并不是对个人的威胁。当人们意识到需要改变时，他们就能进入下一个阶段。

第三个阶段，动机阶段，是关于根据数据采取行动的意愿。受众要有动力去利用坏消息产生新的想法，并能提出改进的办法。

每个阶段都与特定的挑战有关，这些挑战可以通过巧妙的数据沟通策略来解决和克服。理解阶段最大的阻碍是困惑（见表 11 - 1）。你的沟通努力方向应该旨在澄清你的数据来源、分析过程和结论。因此，要一步步引导受众，让他们了解你是如何得出结论的。阐明你的数据来自哪里，是如何进行分析的，结果意味着什么（记住，数据不能为自己说话，它们需要被解释和语境化）。

在传达坏消息时，演讲者有时会在适当地建立可信度（和所需的语境）之前，直接进入令人不快的发现。这种直接深入的讨论可能会让受众不知所措。同样，要用通俗易懂的语言进行讲述，尽可能避免使用数据、统计术语或缩写词（因为这可能会进一步加剧人们对数据的抵触）。当人们觉得你在打哑谜时，他们就无法了解坏消息的全貌，也无法完全理解你的意思。最后，开门见山，对坏消息的程度和严重性坦诚相告。这可能说起来容易做起来难，因为它涉及直接告诉你的团队或老板，事情没有像预期的那样发展。这需要提供数字和统计数据来清楚地说明出了什么问题。要意识到通过粉饰坏消息（或者根据受众的期望调整你的结论）并不会解决问题。这会给你的受众一个错误的印象，并可能导致他们不认真对待这个问题。

表 11-1　理解阶段的主要沟通挑战

| 阶段 | 理解：获取坏的数据消息 | |
|---|---|---|
| 关键的挑战 | 困惑 | |
| 沟通策略 | 要做 | 不要做 |
| 详细说明你是如何得出这个发现的，并对你的结论给出解释或证明，而不是直接给出数据分析的结果。 | "我们的年度员工调查显示，员工对工作的满意度不如去年。我们随机抽取了 200 名员工参与调查。为了进行数据分析，我们计算了平均满意度。结果显示，平均而言，员工对工作的满意度低于去年。他们的平均满意度为 4.5 分，满分是 10 分。去年是 6.6 分，满分是 10 分。此外，从数据的小范围分布可以看出，评分相当一致。" | "我们的年度员工调查显示，员工的平均满意度为 4.5 分，满分是 10 分。去年是 6.6 分，满分是 10 分。" |
| 用通俗易懂的语言表达，而不是使用数据、统计术语或缩写词。 | "我们的数据表明，我们网店的购买量和旗舰店的购买量之间存在强烈的反比关系。具体来说，分析显示相关系数为 -0.8。这意味着，随着客户在我们网店购买的产品数量增加，在我们旗舰店购买的产品数量将减少。" | "分析显示，我们网店的购物次数和旗舰店的购物次数之间的相关系数为 -0.8。" |
| 开门见山，要透明，而不是粉饰事实。 | "与去年相比，今年的销售额下降了 40%。" | "今年的销售额略低于预期。" |

你可能已经成功地让你的受众理解了基于数据的坏消息。然而，这并不一定意味着他们会接受它。事实上，我们经常看到人们对坏消息表现出强烈的抵制。当谈到抵制时，我们指的是接受阶段的一个关键挑战。克服抵制意味着让人们接受你的数据所揭示的坏消息。

有几种沟通策略已经被证明有益于接受（见表 11-2）。首先，注意你建构数据解释的方式。通常，我们可以使用损失-框架视角或收益-框架视角来表达同样的事情。损失-框架视角强调的是消极方面或缺点（例如，"10 个顾客中有 3 个不会推荐我们的产品"），而收益-框架的观点强调积极方面或优点（"10 个顾客中有 7 个会推荐我们的产品"）。即使在传达坏消息时，也要尽量融入一些"收益-框架"的元素。原因很简单：太多的消极因素会让人望而生畏，可能会给你的受众留下没有改进希望的印象。这可能会造成一种没有选择的感觉，结果可能会激起抵制（Cho and Sands，2011）。从收益的角度来描述一些发现有助于人们看到地平线上的一线希望，并使人们更容易接受一些事情尚未达到应有的水平。

表 11 - 2　接受阶段的主要沟通挑战

| 阶段 | 接受：接受坏的数据消息 | |
| --- | --- | --- |
| 关键的挑战 | 抵制 | |
| 沟通策略 | 要做 | 不要做 |
| 在解释数据时，使用收益-框架而不是损失-框架。 | "10 个客户中有 7 个会推荐我们的产品。" | "10 个顾客中有 3 个不会推荐我们的产品。" |
| 当从你的数据中获得提议时，使用支持自主性的语言，而不是武断的语言。 | "你可能要考虑裁员了。""也许是时候修改战略了。" | "你应该裁员。""你现在必须修改战略。" |
| 保持冷静和专业，不要开玩笑。 | "这一结果令人担忧，表明这种药物没有像预期那样起作用。因此，我建议我们……" | "这种药物没有像预期那样起作用。顺便问一下，你知道蚂蚁为什么不会生病吗？因为它们有抗体。" |
| 明确你只是传达信息的人，不要为你责任之外的事情羞愧。 | "约翰，请记住我只是个信使。我对数据进行了分析并编制了图表。" | "约翰，我对这些结果感到很抱歉。我感到很难过。" |
| 表达同情和认可，而不是仅仅批评别人。 | "我知道这些结果可能令人沮丧。但是，你在 X 项目和 Y 项目中做得很好。" | "这些数字非常糟糕。你必须提高你的水平。" |

　　其次，在提出建议时要注意措辞。你花了很多时间从数据中得出真

知灼见。你对自己所做的很自信，以及你想确保每个人都能明白数据所承载的含义，这是合理的。然而，就像生活中经常发生的那样，是语气造就了不和。几十年的研究表明，控制性语言会引发抵制，而支持自主性的语言则会减弱抵抗（Rosenberg and Siegel，2018；Steindl et al.，2015）。这是什么意思？控制性语言包括"应该""必须""应当"这样的语气词。支持自主性的语言包括"考虑""可能""或许""能"等语气词。控制性语言给人的印象是，他们被告知要做什么，他们不能选择。这是适得其反的，因为它鼓励（公开）拒绝你的建议。这尤为符合你面对坏消息的情况。没有人喜欢听到他们没有达到目标，或者他们的项目表现低于预期。当你以一种武断的方式告诉他们应该怎么做的时候，事情会变得更糟。因此，无论什么时候，当你讲述数据的含义时，请使用支持自主性的语言。

最后，保持冷静和专业。大多数人在传达坏消息时会感到不舒服。为了掩饰这种不舒服，他们有时会拿出问题的事情开玩笑。然而，在这种情况下使用幽默往往会适得其反。想象一下，有人（当着别人的面）告诉你，你的产品销售崩溃了。你最不想看到的就是这个人拿你的问题开玩笑。你可能会觉得这种玩笑是冒犯的、粗鲁的、搞错重点的。当感到被冒犯或受到攻击时，人们通常会进行反驳。他们会质疑数据、数据分析的可靠性或有效性，甚至质疑演讲者的能力。这很糟糕——不仅对主持人不利，对数据讨论的质量也不利。为了捍卫自己（或自尊）而进行反论证，这会分散对实际问题的注意力，导致无效和不令人满意的数据讨论，最终导致糟糕的决策。

但如果这种情况真的发生了，你能做些什么呢？比如，如果有人质疑你做了什么或者你知道什么，你应该明确表示你只是个信使，问题不是你造成的（例如，"约翰，请把我仅仅当作信使……"）。你不需要为你职责之外的事情承担责任。然而，你要有同理心，要设身处地为你的受众着想。面对坏消息可能会让人不知所措，有时会让人失去冷静。想想如果你被告知同样的坏消息，你会作何感想。这可能会帮助你想出合适的词语来让对方冷静下来，减少讨论中的情绪干扰。如果有人一直在批评数据质量或数据分析，回头再给出一些采样和分析的细节可能对此会有所帮助。为了更好地为受众批评和反驳做好准备，你可能还需要在演讲前写下一个"讨厌的问题"清单。想一下受众可能会提出的各种棘手（或刻薄）的问题，并为这些问题找到答案。常见的问题包括："你为什么不用方法 X 而用方法 Y 来分析数据？"或者"数据有多大程度的偏差，这会如何影响结果？"

　　你可能已经让人们接受了你的结论。然而，这并不意味着他们愿意基于坏消息而采取行动。这就把我们带到了动机阶段的关键挑战——挫折。克服挫折意味着激励人们采取行动，改善现状。在下文中，我们综合了几种有助于克服惯性的沟通策略（见表 11-3）。在谈论下一步时，要给出一个积极的前景，而不是一种回避的姿态。积极主动、以方法为导向的观点关注可能出现的积极结果（例如，"总体而言，调整我们的客户服务将是留住更多客户的关键"），而回避导向的观点关注可能出现的消极结果（例如，"总体而言，对客户服务保持谨慎是不失去更多客户的关键"）。

**表 11-3　动机阶段的关键沟通挑战**

| 阶段 | 动机：基于坏的数据消息采取行动 | |
| --- | --- | --- |
| 关键挑战 | 挫折 | |
| 沟通策略 | 要做 | 不要做 |
| 提供一个方法导向的观点（关注积极的结果），而不是回避导向的观点（关注消极的结果）。 | "总的来说，调整我们的客户服务将是留住更多客户的关键。" | "总的来说，对客户服务保持谨慎将是不失去更多客户的关键。" |
| 以乐观的语气结束展示，而不是悲观的语气。 | "虽然事情并没有像我们所希望的那样发展，但让我们把这些发现作为促进业务发展的机会。" | "事情并没有像我们所希望的那样发展。这很令人沮丧，但事实就是如此。" |
| 给予受众提问和表达想法的机会，而不是匆忙离开会议。 | "我想邀请你们提出问题，分享你们的想法，并反思这些发现。" | "好了，就这样。谢谢大家的关注。" |

**数据对话（续）**

迪恩深吸了一口气，描述了亚历克斯向执行董事会提交坏数据消息时所暴露出的问题。

迪恩说："你看，人不仅面对坏消息时会感到不愉快，因为负面结果被指责时也会不舒服。"阐释道："你提到，自从马修担任运营主管以来，废品率一直在上升，而大多数废品率都是由阿德里安娜和洛伦佐的团队造成的。这样说的话，你就把责任推到他们个人身上，把他们当成了罪魁祸首。他们在执行董事会的所有成员面前就丢了面子。"亚历克斯皱起眉头，开始意识到自己做了什么。"如果人们觉得自己丢了面子，他们就会有保护自己的欲望。当他们专注于恢复自己的声誉时，他们就不再愿意接受理性和客观的讨论。"迪恩补充道。"我明白了问题所在，但我现在该说什么呢？我又不能粉饰数据。"亚历克斯绝望地说。

迪恩想了一会儿，然后回答说："第一，你应该准备得更充分一些。只说坏消息是不行的。你必须深入挖掘，从数据中竭力找出造成不良结果的原因。要搞清楚是什么导致了这些问题。第二，要基于分析给出更多明智的选择。你的分析越细致，就越容易将结果与特定的团队或人员联系起来。因此，一定要提前问自己，你的数据是否能让你识别群体或个人。如果是的话，评估一下这是否有必要，是否提供了其他附加价值。第三，在批评他人时，要对他们以前的工作给予肯定，并提及其他哪些因素可能会对他们的表现产生负面影响。人们通常都有动力把工作做好，而当事情没有像预期的那样发展时，他们会感到悲伤或沮丧。所以，在传达坏消息时，要肯定他们的努力，并阐明数据的语境。"

亚历克斯说："在这些方面，你说得对。因为我不友好的态度，我必须向马修、阿德里安娜和洛伦佐道歉。我一定会提高我的数据沟通技巧。"

方法导向的观点会激发动力和乐观精神，因为它强调人们可以通过调整事情来获得改变。如果可能的话，用更进一步的数据来强调你的主张。例如，向你的受众展示你公司的其他部门是如何扭转负面趋势的，他们花了多长时间，或者采取了什么措施。同样，要用乐观的语气结束演讲。记住，有一种叫作"近因效应"的东西，这是一种认知偏差，即人们倾向于牢记最近出现的信息，这意味着你在演讲结束时所说的话会深深印在人们的脑海里。[1] 因此，确保结束是积极的和鼓舞人心的。

还有另外一种避免受众受挫的有效方法——一些要做的但是经常被忽视的部分：给受众提问、表达和发展想法的机会。克服挫折不仅仅是告诫人们，鼓舞人们，还需要给他们空间，让他们变得活跃起来，并提出自己的建议。因此，要在最后留出足够的时间进行问答或交换意见。

# 关键要点

当用数据传达坏消息时，大多数人都会感到有压力和不舒服。然而，情况不一定是这样，因为令人不快的数据可能是改进和提高的重要催化剂。其传递坏消息的艺术在于一种能够让受众理解分析、接受分析结果、感到有动力并被授权采取行动的方式。在准备用数据传递坏消息时，你可能会发现以下问题很有帮助。

1. 你的数据揭示了什么样的坏消息：负面趋势、目标失败还是竞争力不足？

2. 你如何确保受众充分理解数据？——避免困惑。

3. 你能做些什么来提高你的发现被接受的程度？——避免抵制。

4. 你如何激励你的受众去改变一些事情？——避免挫折。

# 陷　阱

用数据传达坏消息的注意事项如表 11 - 4 所示。

**表 11 - 4　用数据传达坏消息的注意事项**

| 要做 | 不要做 |
| --- | --- |
| • 开门见山。<br>• 使用通俗易懂的语言表述。<br>• 详细说明你是如何得出这些发现的。<br>• 使用收益-框架。<br>• 使用支持自主性的语言。<br>• 保持冷静、专业。<br>• 告知人们不要攻击信使。<br>• 要有同理心，肯定别人的付出。<br>• 准备一份"讨厌的问题"的清单。<br>• 提出方法导向的观点。<br>• 用积极的建议结尾。<br>• 给受众说出他们想法的时间。 | • 美化结论。<br>• 使用数据、统计术语和缩写词。<br>• 只告诉听众你的分析结果，而不管语境。<br>• 使用损失-框架。<br>• 使用控制性的、武断的语言。<br>• 开玩笑。<br>• 为自己责任以外的事情感到愧疚并道歉。<br>• 不考虑别人的感受和付出。<br>• 毫无准备上场，看看事情会如何发展。<br>• 提出回避导向的观点。<br>• 以悲观的基调结束。<br>• 做完报告后赶紧离开会场，只留给别人坏消息。 |

用数据传达坏消息的例子（不要）：

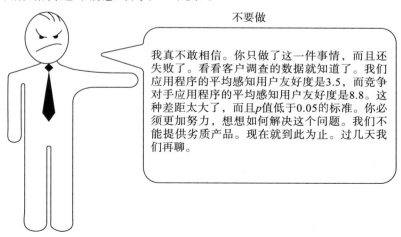

不要做

我真不敢相信。你只做了这一件事情，而且还失败了。看看客户调查的数据就知道了。我们应用程序的平均感知用户友好度是3.5，而竞争对手应用程序的平均感知用户友好度是8.8。这种差距太大了，而且$p$值低于0.05的标准。你必须更加努力，想想如何解决这个问题。我们不能提供劣质产品。现在就到此为止。过几天我们再聊。

用数据传达坏消息的例子（不要）：

要做

尽管我们已经不断努力了，但最近的客户调查结果并不太好。我们的在线交易应用程序的表现已经被竞争对手超越。看一下平均感知用户友好度的差异。我们应用程序的平均感知用户友好度为3.5，而竞争对手应用程序的平均感知用户友好度为8.8。这个非常小的$p$值进一步表明，这种差异并不是偶然。因此，可能是时候提出一个"应急计划"了。让我们把这个结果作为一个动力来改进我们的应用程序，并开发能在市场上领先的在线交易应用程序。我想用剩下的时间开始收集和讨论想法。

# 更多资源

要知晓关于如何传递坏消息的更多信息，请参阅：

https://www.forbes.com/sites/forbescommunicationscouncil/2019/04/03/13-ways-to-get-better-at-delivering-bad-news/?sh=29c7087865f0；

https://www.youtube.com/watch?v=s76bX5ujl_4。

# 注 释

1. https://dictionary.apa.org/recency-effect。

# 处理数据分歧：围绕数据争论

## 你将学到什么？

如今，能够根据数据进行争论是一项重要的分析能力，因为数据在质量、解释或应用方面并不总是明确的。你需要学会如何围绕数据争论，从数据中获得最大的价值。这就是本章将要教你做的。瑞士再保险公司和悉尼技术大学（Technical University of Sydney）表示，争论数据和管理数据分歧是培养数据素养的关键要素。所以让我们准备好开始吧！

---

**数据对话**

环境：大型建筑群上层的会议室；参与者：一个由银行家、律师和财务顾问组成的企业并购特别工作组；气氛：紧张。

彼得：所以，回顾一下业绩数据，我很清楚我们此时需要停止这个收购项目。这家候选公司乍一看还不错，但在仔细研究了其财务和商业数据后，我们认为最好停止尽职调查程序，并告诉我们的交易方，这笔交易根本不会发生。

埃伦：彼得，数据根本不是这样的，是谁让你做的？实习生还是邮局的人？

---

彼得：我的分析师团队非常仔细地查看了所有数据点，包括成本数据、供应商数据、历史销售和盈利数据。你凭什么质疑我们的方法？我们的记录坚如磐石。所以无论如何，我们得出的结论是，过去5年的业绩数据充其量是普通的，我们不应该收购这家公司。

埃伦：你应该做的是看看最近的销售数据，尤其是顾客消费趋势的数据。

彼得：我们考虑到了。

埃伦：如果你有做到这一点，你就应该得出另一个结论。只是运行一个回归，你就会看到客户支出在中期推动盈利的作用。史蒂夫，我建议我们再找一个小组来看看业绩数据，我相信他们会同意我的结论：这家公司的前景非常光明。

史蒂夫：但是埃伦，彼得的团队已经对数据进行了彻底的分析。你是说他们不知道自己在做什么吗？

埃伦：我不知道他们做了什么，但数据确实告诉了我们另一个故事，请相信我。

史蒂夫：我相信彼得和他所做的工作，但我也听说公司的销售预测数据存在质量问题。这就是我们将要做的。我们将安排一个稍长的会议，彼得和他的分析师将向我们展示他们所进行的关键数据指标的分析。我们将深入探讨性能差距到底有多严重，以及什么样的前景才有意义。彼得，时间定在星期一可以吗？

彼得：没问题。

史蒂夫：好！与此同时，埃伦，你有权限查看彼得的完整分析报告，你可以标记任何你不同意的地方。我们下周一再讨论这个问题。

在工作中，没有人喜欢吵架。然而，有时你需要围绕数据的争议性进行讨论。这是为了对数据的范围、数据的质量、数据的分析和解释，以及最终数据的使用，提出不同的观点。只有当你结合不同的视角进行数据对话时，你才能确保正确地使用了数据（见图 12 - 1）。

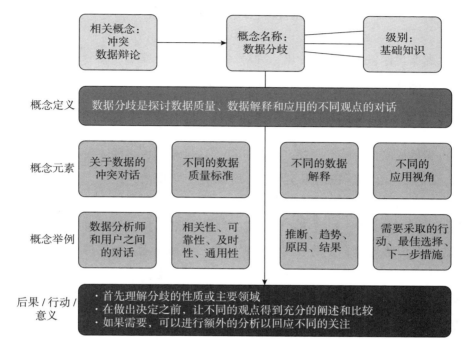

**图 12 - 1　数据分歧的概念**

例如，数据分析师的技术视角应该与经理的大局观和战略前景相结合。或者说，不同部门的专家可能会就各自的数据以及如何将其结合起来进行有益的辩论。

底线是：如果你想获得数据的全部价值，那么你就不应该回避围绕它产生的不同意见，而是要接受好的观点。在这样的辩论中，大家的共同目标应该是达到对数据的更高层次理解，清晰明确地看到它的潜力，同时也看到它的缺点和局限性。

为了达到这一目的，我们提出了一个简单的四步流程来处理有效的数据分歧。

# 围绕数据的辩论过程

那么，你怎样才能设计出一种对话，让双方处理有效的分歧而不是产生观点的冲突呢？接下来将介绍我们设计的四步法。

## 制定正确的讨论框架

无论何时讨论一个问题，我们都可以通过邀请更多的人发表观点、经验、选择或见解来积极地构建分歧。不要把有争议的讨论框定为"让更有力的论点获胜"，而是"让我们从尽可能多的角度来分析这些数据"。给它贴上"360度思考"的标签，而不是"剑拔弩张"。学习设计师和艺术家的思想：给东西贴上标签的方式会影响它的感知和使用。制定框架中的一部分包括指出对所讨论数据存在分歧的具体范围。也就是说，需要了解存在哪种类型的分歧、分歧的根源在哪里，以及你们可能已经达成共识的地方。对于数据的质量、数据的解释，以及如何将其应用于手头决策，是否存在不同的观点？尽早回答这个问题对于提高数据对话的效率至关重要。同时，下一步中的可视化也可以帮助你澄清数据的问题。

## 正确可视化

通过使用即时投票工具，如 Mentimeter.com（它也提供了匿名性）或离线手段，如点阵和白板，你可以在一个联合框架内将不同的观点进行可视化，这样少数人的观点就会浮出水面，从而真实地看到大家对所讨论数据的观点达成一致或不一致的程度。

图 12-2 提供了一个有异议的可视化示例，我们可以看到，虽然对数据集 3 的平均看法是正面的（它在右上角），但有 8 位同事认为它不太可靠（在网格的左侧）。这种可视化的多样性使他们能够畅所欲言，并向他人表达其对数据可靠性的担忧。他们持怀疑态度的投票可能有助于检查数据集

3 中潜在的数据缺陷，或者解决他们的疑虑。因此，不能只看平均票数，还要研究观点的分布（由图中的各个小点表示）。

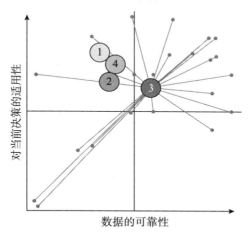

**图 12-2　对数据存在异议的可视化示例**

你还可以从图中看出，有 4 位同事对数据集是否适用于当前决策持怀疑态度。同样，鼓励他们表达自己的观点将有助于你更好地评估数据，并认识到数据的局限性。

## 正确讨论

使用存在不同意见的可视化图表，将批评指向可视化的问题，而不是房间里的人。也就是说，将论点与个人分开，并讨论为什么少数人的观点可能有价值（与资历无关）。花费更多的时间讨论有高度分歧的数据，而在已经达成一致的领域减少时间消耗。下面的数据讨论原则可以帮助你完成这项工作。

1. 先提问：在批评数据之前，不要羞于验证自己对数据的理解（关于这一点，请参见第 7 章中的数据分析问题）。询问有关抽样、变量和数据定义、使用的统计程序等方面的细节。

2. 进行建设性的批评：不要只是批评数据，而是补充关于如何提高数据的可靠性或适用性的建议。

3. 连接观点：确保，特别是作为数据对话的促进者，你要将关于数据的不同观点相互联系起来，并将其与可能的操作含义（例如数据整理或其他数据收集活动）联系起来。最后这一原则将我们引向进程的最后一步：正确整合。

## 正确整合

讨论如何将少数人的观点纳入团队（或你自己）的决策中，并将提出的论点结合起来，从而形成一个更丰富、更全面的图像，最终形成一个更精确的数据视图。在整合团队成员的观点时，使用可视化的方法来表明它们是可以被修改的，并且工作正在进行。使用挂图、白板草图等方式邀请其他人通过添加新的考虑因素或修改现有的考虑因素来提高共识水平。不要忘记记录这个过程中浮现的待办事项。这可能包括精细化的数据分析、额外的抽样工作、处理异常值，或重新运行某些统计程序。

因此，正确设计数据分歧是一项至关重要的分析任务。它需要为存在不同意见的讨论设计一个合适的标签（即"360 度数据对话"），设计不同观点的视觉表示（如上面的可靠性-适用性矩阵示例），以及围绕少数观点或反对意见设计一个对话过程。有效分歧讨论的最后一个要素是为结果的记录创建一个流畅而趋同的设计。这可能包括对从最有争议的到最没有争议的数据问题进行图表排名（以及应该采取的措施）。

## 怎么说

### 避免冲突，保全颜面

虽然批评数据和基础分析是十分重要的，但你必须找到正确的方法来完成。好的数据辩论都是为了共同学习和共同提高。为了避免在这个过程中伤害别人的职业自豪感，请尝试使用表 12 - 1 列出的方法来软化你的批评，但仍然需要确保其清晰明了。

表 12-1 如何避免冲突、保全颜面

| 不要说 | 试试这样说 |
| --- | --- |
| 你根本不知道你在做什么。 | 你用过哪些方法呢？你是否百分之百确定它们符合数据呢？ |
| 我不相信你做的工作。 | 请告诉我你是如何一步一步地分析这些数据的。 |
| 我不相信这些数据。 | 我们能肯定这些数据是可靠的吗？是什么让你对这些数据充满信心呢？ |
| 这些数据无关紧要。 | 你确定这是为这一决策而查询的正确数据吗？ |
| 你对这些数据的解释简直可笑。 | 请告诉我你是如何从数据中得出这些结论的。 |
| 这毫无道理。 | 我真的需要了解你在分析方面所做的工作，所以请一步一步再检查一遍。 |
| 你甚至坚信你在这里说的一切（是正确的）？ | 当涉及数据解释时，请问你在哪些方面不太确定呢？ |

**数据对话（续）**

史蒂夫：感谢彼得准备的分析报告，也感谢埃伦可以唱反调。我很高兴今天我们可以对尽职调查数据有 360 度的了解。在我们开始讨论之前，我先说明几条基本规则。我们的目标不是要看谁是对的，而是根据我们能够获得的数据，对公司的财务状况和前景达成共识。我希望我们能建设性地讨论数据，而不是人。好吗？

埃伦：当然没问题。彼得的团队有大量的数据需要处理，我能看到他们的工作做得非常彻底。我只是有几点不同看法，仅此而已。

史蒂夫：好的，我们会讲到这些的。彼得，你能重点谈谈这家公司过去两年的销售情况吗？你从这些数据中得出了什么结论？怎么得出的？

彼得：当然，我很乐意。

埃伦：请给我们看看你在这方面的统计数据。你做了回归分析，对吧？

彼得：是的，根据你的建议，我们做了回归分析，当前的客户支出似乎是未来销售的一个较好的预测因素。根据最近的客户支出数据，由于只看过去的销售量业绩记录，盈利能力的部分未考虑，因此前景确实比人们想象的更积极。

埃伦：但你似乎还是持怀疑态度？

彼得：是的，那是因为我们通过分析该公司的成本会计数据发现，他们在成本和供应商方面的管理很糟糕。我们也一直在收集基准数据，发现我们的候选公司在成本效率方面排名垫底。而且情况似乎并没有真正改善。

埃伦：好吧，我承认我没有计算过成本演变的所有数据。但我们可以在这方面帮助他们，对吧？我们可以帮助他们降低成本，提高竞争力。

彼得：我想我们是可以做到的。然而，我们自己的记录并非无可挑剔的。在成本管理方面，我们通常不在顶尖集团之列。因此，我们的建议是此时停止尽职调查。

史蒂夫：因此，销售角度的数据验证了我们的乐观态度，但成本发展令人担忧。很高兴我们已经达成了这种共识。我建议要求再给我们一周的时间来确定降低成本的可能性。如果在5天内没有实现，那么我们就停止整个行动。

值得庆幸的是，讨论数据往往伴随着不同的观点。我们需要接受关于数据的相关性、可靠性和范围的分歧，以便做出高质量的循证决策。否则，我们就会产生一种可靠数据的错觉，以及一种共识的错觉，而实际上并不存在。因此，不要羞于咨询你的分析师，但要尊重建设性批评的规则，并首先确保你真正理解了数据，确定了分歧的领域。

# 关键要点

- 不要把数据看作是既定的，而要理解它们是人类选择的结果。
- 在解释数据时要积极接纳不同的观点。可以问这样的问题："是否有人对这些数据的来源或分析方法表示怀疑？"
- 让怀疑者、异议者、反对者或少数派发表意见，并尝试将他们的关注点整合到你的数据对话中。有时，最好是在双方会谈之前就提出这些潜在的不同意见。

# 陷　阱

## 交流陷阱

- 不要让批评带有个人色彩，从而影响到工作关系。为建设性的批评制定基本规则。
- 一般来说，要谨防对过失者进行指责以及提出数据分歧。
- 谨防全面的数据批评，并尽可能具体地指出潜在的偏见或数据问题。

# 更多资源

以下是关于一般情况下如何更好地处理分歧的较好文章：

Edmondson，V. C. and Munchus，G.（2007）. Managing the unwanted truth：A framework for dissent strategy. *Journal of Organizational Change Management*，20（6），747-760；

Garner，J. T.（2012）. Making waves at work：Perceived effectiveness and appropriateness of organizational dissent messages. *Management Communication Quarterly*, *26* (2), 224 – 240;

Leigh, P., Francesca, G. and Larrick, R. (2013). When power makes others speechless: The negative impact of leader power on team per-for-mance. *Academy of Management Journal*, *56* (5), 1465 – 1486;

Mengis, J. and Eppler, M. J. (2006). Seeing versus arguing: The moderating role of collaborative visualization in team knowledge integration. *Journal of Universal Knowledge Management*, *1* (3), 151 – 162;

Schulz-Hardt, S., Brodbeck, F. C., Mojzisch, A., Kerschreiter, R. and Frey, D. (2006). Group decision making in hidden profile situations: Dissent as a facilitator for decision quality. *Journal of Personality and Social Psychology*, *91* (6), 1080 – 1093。

# 下一步是什么？保持数据流利度

## 你将学到什么？

在这一总结性章节中，我们以理想的"数据对话者"形象及其技能、态度、资源的方式总结了本书的主要内容。本章强调，至关重要的不仅仅是你如何讨论数据，还包括你与谁交谈，以及他们在分析领域的角色是什么。我们还指出了你在分析中需要监测的新兴趋势——即使是作为一个通才。本章也为你提供了有用的资源链接，以保持你的分析技能与时俱进。最后但最重要的是，我们阐述了一个前进的方向，你现在可以最大可能地利用你在本书中学到的知识，以确保你继续进步。

恭喜你！你已经掌握了统计学、分析学和数据交流的重要概念！你现在已经具备很好的条件，可以胜任、清晰、批判性地谈论数据及分析。

你在数据流利度上已经达到了很高的水平，这将提高你的任职能力，并为你的职业生涯或下一次创业开辟多种新的选择。

然而，在数据方面的流利度不仅仅是一个关于理解或技能的问题，它还取决于你的态度和你所拥有的资源。让我们在一个最终对话的帮助下，更细致地去看待维持数据流利度的这三个要素。这将有助于我们巩固关于讨论数据的学习成果，并将其带入我们的生活。

## 数据对话

　　乔安娜是一位 32 岁的事业成功、充满热情的项目经理，她在一家中等规模的服务机构工作。她的专业是市场营销学，但她最近对信息技术和分析产生了浓厚的兴趣。

　　她意识到她的项目（和一般的市场营销）越来越受到数据及数据分析的影响。由于她喜欢学习和与人交流，因此她与 IT 部门的一个同事进行了交谈。她想知道如何提高自己的分析技能，并在一次休息时间找到了这位同事。

　　乔安娜：戈登，我知道你非常忙，但我可以耽误你一分钟时间吗？

　　戈登：当然可以。你想说什么，乔安娜？

　　乔安娜：你知道我在过去六年中一直从事营销和项目管理工作，我觉得我的数据技能没有达到应有的水平。你有什么建议？我需要怎样做才能熟练掌握数据和数据分析方法？

　　戈登：你不会喜欢我的答案。但我发现，今天我们所说的数据科学，大部分其实是统计学，当然也有一些数据管理的成分。但要谈论数据，你首先需要了解统计学。

　　乔安娜：哦，那我就得从我的大学时代开始重拾这些东西了。你认为我可以在分析领域的哪些方面实现价值？

　　戈登：许多来自分析的要点在交流中已经丢失了。这就是为什么我认为关键的技能是使数据容易获得，将数据可视化，以及处理分组数据。我看到这一点人们经常处理不好，特别是在员工和经理之间。

　　乔安娜：明白了。因此，我应该把重点放在诸如数据叙事的准确性和增强我制作图表的技能等方面上，对吗？

　　戈登：是的！但你知道吗，作为有能力处理数据的人，不仅仅是掌握技能这么简单，态度也是一方面？

乔安娜：你想表达什么意思？

戈登：关键是要对数据的来源持批判态度，你是否可以信任它，以及它是否被正确地分析。有很多潜在的偏差会影响甚至使分析失真，所以批判性思维是有效使用分析方法的关键。

乔安娜：有道理，数据不是上帝赐予的。我会牢记这一点。但还是要回到我最初的问题：你认为我在这个组织中可以在分析方面发挥什么作用？

戈登：你当然可以发展成为一位分析项目的经理，这将会在业务和数据科学结合方面发挥关键作用。你不仅要管理数据分析师，还要管理数据库架构师，然后是数据库管理员。有很多角色都是围绕着分析工作的。这里有一幅图，向你展示了分析流程中涉及的一些关键角色（见图 13-1）。仔细想一想，你是否愿意做一份分析经理的工作，乔安娜。

乔安娜：这是一个很好的观点，谢谢你，戈登。还有最后一个问题：我在哪里可以得到帮助和支持？我可以利用什么资源来继续学习分析技术？

戈登：找一个年轻的数据分析师，然后定期和他吃午饭，就像一个反向教导。报名参加高级分析学的在线课程，比如 Coursera 或 Udemy 上的课程。在领英（LinkedIn）上关注分析学讲师，以及数据科学中心。还有，你为什么不在我们公司创建一个非正式的商业分析兴趣小组呢？哦对不起，乔安娜，我现在要走了。

正如上面的对话所说明的，通往数据流利度的旅程是一个永无止境的过程。磨炼自己的技能，对数据保持批判的态度，并与他人沟通，是这一努力的关键。

正如戈登在对话中所指出的，了解分析领域的不同职务，以及在数据方面对应不同的职能也很重要（如图 13-1 所示）。一个仅由数据科学家组

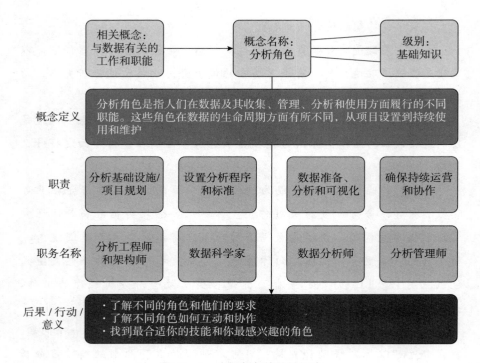

**图 13 - 1    分析角色的关键概念**

成的分析团队不会走得太远。它需要有 IT 架构师和工程师（尤其是在基础设施规划和组织阶段）、数据库专业人员和管理人员的支持，最后还要得到业务方面的支持，以确保数据和提供数据的方式能够真正提供价值。

除了上述提到的以批判的态度对待数据的重要性之外，对话还提到了一些资源，这些资源可以帮助你实现数据流利度。因此，在学习统计学时要有充足的资源，不要只关注社交媒体上的分析学专家。像乔安娜一样，你可以在你自己的组织里、在你的专业网络中或者在朋友中间联系专家。你甚至可以在你的部门组织非正式的下午茶活动，在那里介绍和讨论最新的分析趋势。

本书涵盖了理解和交流数据的基础知识。在此基础上，你可以深入研究更高级的话题和趋势，这些话题和趋势将塑造分析的未来，如人工智能、分布式分析，甚至可能是量子计算——一种全新的 IT 范式。监测这些趋势并趁着合适的时机将其转化为商业机会，是数据流利度的重要组成部分。为了调动你的学习兴趣，这里有几个你应该保持关注的分析话题（见表 13 - 1）。

表 13 - 1 分析趋势及其含义

| 分析趋势 | 含义 | 多久将与组织相关 |
|---|---|---|
| 云分析 | 这一趋势只是指越来越多的（尤其是大型）数据集和（它们的分析软件）被托管在创建和使用这些数据的组织之外的服务器上。分析是在"云"中进行的，而不是在组织内部。 | 已经存在 |
| 认知计算 | 分析非结构化数据的算法，如文件，来帮助人们进行复杂的决策。 | 很久以后 |
| 协作分析 | 现在的数据往往是由单一的数据分析师解释，然后将他们的见解传达给决策者。新的界面允许多人一起分析数据（远程或在现场），并一起解释数据，以便更好地做出决策。 | 很久以后 |
| 分布式分析 | 为了更快地运行或减少基础设施的负担（和成本），分析和数据管理任务可以分布在多台服务器上，然后进行协调。相同的算法在每个节点上运行，处理数据的一个子集。当处理结束时，数据集被汇总，或重新组合在一起，以产生集体洞察力。 | 已经存在 |
| 边缘分析 | 当数据通过传感器（如温度）收集并在同一设备中进行分析时，这被称为边缘分析。它加快了反应的速度，这对物联网应用非常重要（例如考虑电梯问题）。 | 已经存在 |
| 混合智能 | 这个术语指的是将人类和机器智能结合起来以提高决策质量的愿景——一种两全其美的方法，将人类的专业知识和直觉与基于数据的人工智能相结合。 | 不久以后 |
| 移动数据分析 | 仅仅是在手机上使用分析软件，这需要特殊的界面和图形显示，以及新的数据故事格式，如 scrollitelling。 | 已经存在但不是主流 |

续表

| 分析趋势 | 含义 | 多久将与组织相关 |
|---|---|---|
| 量子计算 | 这指定了如何实现更快的计算范式转变，它不再基于两态（0 或 1）比特，而是基于从量子力学中衍生出来的基本计算单元（称为量子比特），可以有多种状态。这是构建计算机的一种根本性的新方式，但它也可以作为一种新的方式来构思不同种类的算法。它将提升我们的大数据分析能力。 | 短期内不会 |
| 透明的 AI | 目前，并不是所有神经网络或其他人工智能算法的建议都可以被追溯或解释。然而，透明的 AI 强调完全透明的机器学习，其中算法的所有步骤（及其使用的数据）都可以回溯，并报告决策的标准。 | 很快 |
| 自助商业智能或自助服务分析 | 自助商业智能或自助服务分析指明了使数据分析软件更容易使用的趋势，以便几乎所有人都能进行数据分析，不管他们的分析技能如何。 | 已经存在 |

你可能会注意到，这个表格既包含了可以说是幕后的支持技术（如量子计算或边缘分析），也包含了所谓的前端趋势，如自助服务分析。要了解这些趋势的最新情况，我们推荐 Gartner. com 等网站，或关注数据中心等机构，或 Infoworld. com 等网站。Meetups 也是与分析专业人士进行联络的一个好方法，领英在线小组也是如此（在 meetup. com 和 linkedin. com 上可以找到它们）。

除了这些趋势之外，学会使用统计学中的软件工具也很重要。用于基础统计分析的数据软件，诸如 IBM 的 SPSS，甚至微软的 Excel 等软件包都可以完成这项工作。然而，大多数分析团队使用编程软件，如 R、Python（也是一种编程语言）或商用（因此昂贵）的软件包，如 SAS 或 RapidMiner。另一类优秀的、广泛使用的数据分析和可视化工具是 Tableau（现在归 Salesforce 公司所有）和微软的 Power BI。这两种工具经常被称为可视化分析包，因为它们强调数据的图形展示和探索。当需要以交互式面板（关键绩效指标的图形汇编）的形式呈现数据时，它们通常是商业分析师的首选。

现在看起来有待你学习的还有很多东西。但这只需要一步一步来就可以了。下面是我们推荐的一个简单的五步行动计划，以确保你的数据流利度保持相关性和通用性。

1. 与他人谈论你在本书中学到的东西，分享你的学习成果，并提出一些探究性问题。

2. 下载简单分析软件包的试用版（例如 tableau.com），并查看该软件包中提供的示例文件，以了解其分析逻辑。

3. 让自己沉浸在数据项目和计划中，也许你首先需要做一个辅助性的角色，例如充当一个翻译者和联络员。

4. 找出你在哪些方面还有待提高（也许是统计学，或叙事，或坏消息部分），并尝试在该领域逐步进步（例如，通过报名参加晚间在线或周末课程）。

5. 通过提供培训（你最了解你所教的东西）、演讲，或者开发工具，例如教程或简明的词汇表和统计学常见问题，帮助弥合 IT 和商业之间的鸿沟。

无论你在数据流利度的旅程中下一步将采取什么样的措施，我们都希望你能取得更大的成就，并祝你好运。以下是你最后的收获和注意事项。

# 关键要点

- 从团队角色和责任的角度，理解统计学的组织嵌入。
- 找到一个首先能让你加速学习的工作角色，然后逐渐进入更核心的职能。
- 紧跟分析领域的新发展，特别是人工智能的最新趋势。
- 为你的分析之旅建立一套有用的资源，包括你的同事、在线教程，或在社交媒体上关注的人和机构。

- 成为不同分析角色之间的翻译者，帮助他们进行富有成效的协作。

# 陷 阱

- 不要认为你的数据流利度之旅已经结束。你应该继续学习。
- 要尊重人们的职务，了解他们的工作范围。
- 不要深入研究你遇到的每一个分析主题。想一想它是否适合你未来的情况。
- 使用简单易懂的语言和说明性的例子，通过分享你在本书中学到的知识，帮助他人提高数据流利度。

# 更多资源

为了保持你的数据流利度，请定期查阅这些优质网站：

https://towardsdatascience.com/；

www.gartner.com；

www.visualliteracy.org。

# 参考文献

Agler, R. and De Boeck, P. (2017). On the interpretation and use ofmediation: Multiple perspectives on mediation analysis. *Frontiers in Psychology*, *8*, 1 - 11.

Bailey, K. D. (1994). *Typologies and taxonomies: An introduction to classification techniques*. Sage.

Baron, R. M. and Kenny, D. A. (1986). The moderator-mediator variable distinction in social psychological research: Conceptual, strategic, and statistical considerations. *Journal of Personality and Social Psychology*, *51*, 1173 - 1182.

Bünzli, F. and Eppler, M. J. (2019). Strategizing for social change in nonprofit contexts: A typology of communication approaches in public communication campaigns. *Nonprofit Management and Leadership*, *29* (4), 491 - 508.

Cho, H. and Sands, L. (2011). Gain-and loss-frame sun safety messages and psychological reactance of adolescents. *Communication Research Reports*, *28* (4), 308 - 317.

Cramer, D. and Howitt, D. (2004). *The SAGE dictionary of statistics. A practical resource for students in the social sciences*. Sage.

Field, A. (2018). *Discovering statistics using IBM SPSS statistics* (5th edition). Sage.

Fritz, M. S. and Arthur, A. M. (2017). Moderator variables. In *Oxford research encyclopedia of psychology*. Oxford University Press.

Griffiths, D. (2008). *Head first statistics. A brain-friendly guide*. O'Reilly Media.

Jaccard, P. (1912). The distribution of the flora in the alpine zone. *New Phytologist*, *11* (2), 37 – 50.

Miller, J. (2017). Hypothesis testing in the real world. *Educational and Psychological Measurement*, *77* (4), 663 – 672.

Porkess, R. and Goldie, S. (2012). *Statistics*. Hodder Education.

Prochaska, J. O. and DiClemente, C. C. (1982). Transtheoretical therapy: Toward a more integrative model of change. *Psychotherapy: Theory Research & Practice*, *19* (3), 276 – 288.

Prochaska, J. O., Redding, C. A. and Evers, K. E. (2008). The transtheoretical model and stages of change. In K. Glanz, B. K. Rimer and K. Viswanath (eds) *Health behavior and health education: Theory, research, and practice* (pp. 97 – 121). Jossey-Bass.

Rosenberg, B. D. and Siegel, J. T. (2018). A 50-year review of psychological reactance theory: Do not read this article. *Motivation Science*, *4* (4), 281 – 300.

Rucker, D. D., Preacher, K. J., Tormala, Z. L. and Petty, R. E. (2011). Mediation analysis in social psychology: Current practices and new recommendations. *Social and Personality Psychology Compass*, *5* (6), 359 – 371.

Rumsey, D. J. (2016). *Statistics for dummies* (2nd edition). Wiley.

Sivertzen, A. M., Nilsen, E. R. and Olafsen, A. H. (2013). Employer-branding: Employer attractiveness and the use of social media. *Jour-*

*nal of Product & Brand Management*, 22 (7), 473 - 483.

Steindl, C. , Jonas, E. , Sittenthaler, S. , Traut-Mattausch, E. and Greenberg, J. (2015). Understanding psychological reactance: New developments and findings. *Zeitschrift Fur Psychologie/Journal of Psychology*, 223 (4), 205 - 214.

**图书在版编目（CIP）数据**

数据对话：建立你的数据流利度／（瑞士）马丁·埃普勒，（瑞士）法比耶纳·宾兹利著；程絮森译. --北京：中国人民大学出版社，2024.2
ISBN 978-7-300-32419-7

Ⅰ.①数… Ⅱ.①马… ②法… ③程… Ⅲ.①数据处理 Ⅳ.①TP274

中国国家版本馆 CIP 数据核字（2024）第 001489 号

**数据对话**

建立你的数据流利度

[瑞士] 马丁·埃普勒
　　　法比耶纳·宾兹利　　著

程絮森　译

Shuju Duihua

| | | | |
|---|---|---|---|
| **出版发行** | 中国人民大学出版社 | | |
| **社　　址** | 北京中关村大街 31 号 | **邮政编码** | 100080 |
| **电　　话** | 010 - 62511242（总编室） | 010 - 62511770（质管部） | |
| | 010 - 82501766（邮购部） | 010 - 62514148（门市部） | |
| | 010 - 62515195（发行公司） | 010 - 62515275（盗版举报） | |
| **网　　址** | http://www.crup.com.cn | | |
| **经　　销** | 新华书店 | | |
| **印　　刷** | 天津中印联印务有限公司 | | |
| **开　　本** | 720 mm×1000 mm　1/16 | **版　　次** | 2024 年 2 月第 1 版 |
| **印　　张** | 13.5 插页 2 | **印　　次** | 2024 年 2 月第 1 次印刷 |
| **字　　数** | 176 000 | **定　　价** | 68.00 元 |